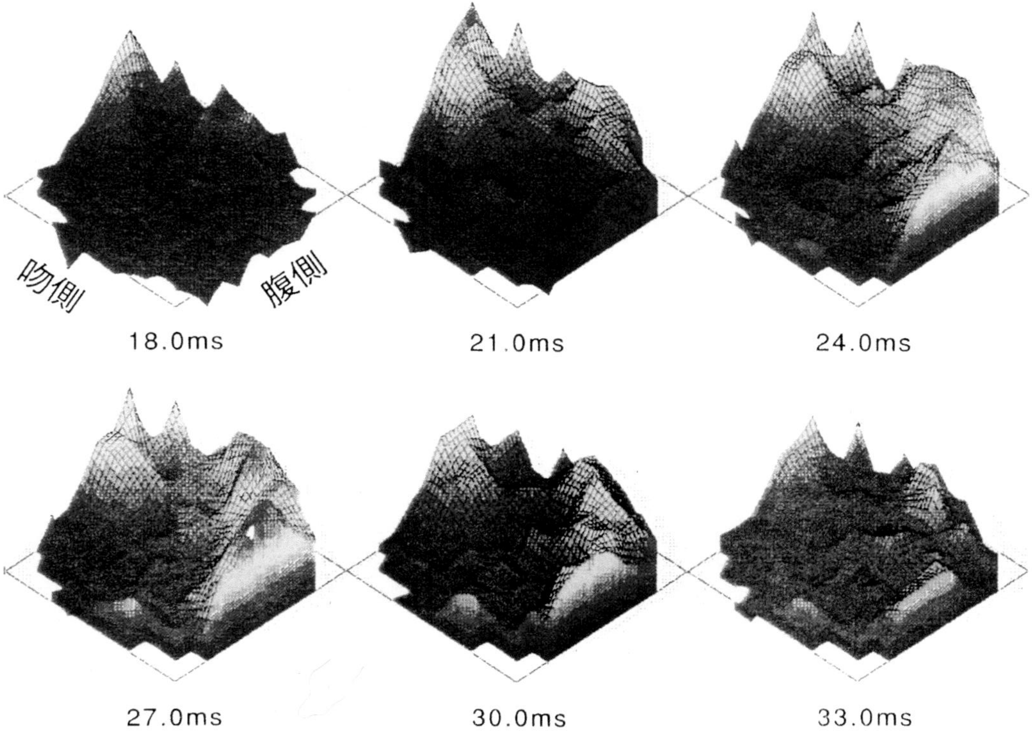

吻側　腹側

18.0ms　21.0ms　24.0ms

27.0ms　30.0ms　33.0ms

口絵1　クリック誘発応答推移の3次元的表現
（本文5章，81ページ参照）

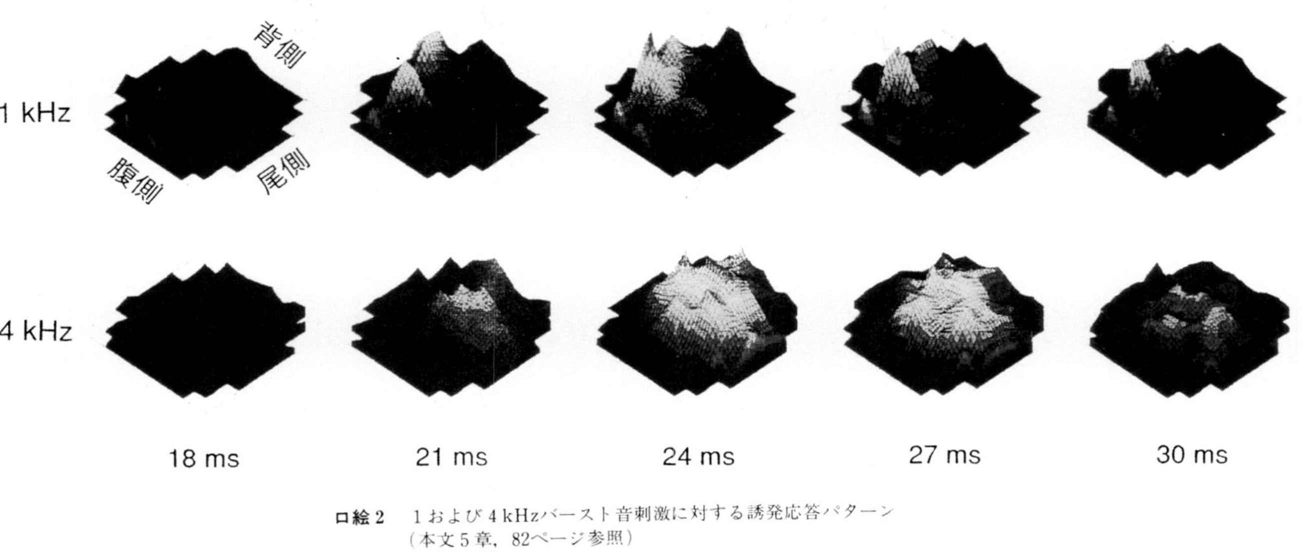

口絵 2　1 および 4 kHz バースト音刺激に対する誘発応答パターン
（本文 5 章，82ページ参照）

◆統計科学選書◆

時系列解析の実際 II

新装版

赤池弘次・北川源四郎
［編］

朝倉書店

執　筆　者

第1章	八木原彬殷	(システム綜合開発)
第2章	石黒真木夫	(統計数理研究所)
	大矢多喜雄	(明治大学理工学部)
第3章	山川　新二	(工学院大学)
第4章	小川　昭之	(大分医科大学小児科)
第5章	福西　宏有	(日立製作所基礎研究所)
第6章	津田　博史	(ニッセイ基礎研究所)
第7章	浪花　貞夫	(立命館大学経済学部)
第8章	樋口　知之	(統計数理研究所)
第9章	田村　良明	(国立天文台)
第10章	松本　則夫	(地質調査所)
第11章	北川源四郎	(統計数理研究所)
第12章	赤池　弘次	(統計数理研究所)
付　録	北川源四郎	(統計数理研究所)

本書は，統計科学選書 第4巻『時系列解析の実際2』（1995年刊行）を再刊行したものです.

まえがき

情報量規準AICの導入とベイズモデルの実用化により，今や時系列解析の方法は飛躍的に発展している．新しい研究分野に挑戦するとき，実際の現象は既存の解析方法やモデルがそのまま適用できるほど簡単ではないのが常である．目的，対象に応じて固有の方法あるいはモデルを開発し解決に至る過程は緊張感溢れるものである．本書では，工学，地球科学，医学，生物学，経済学などのさまざまな分野における時系列解析の事例を紹介する．

編者等は統計科学における共同研究の重要性を認識しその継続的な実現に力をつくしてきたが，1985年には統計数理研究所が共同利用機関として改組され，その活動自体が共同研究を中心として組織化され推進されるようになった．本書の内容はこのような過程で実現された．広範な分野にわたる共同研究の成果を中心にしており，統計的制御実現の先駆的成果から時系列モデル構成の最新の成果までを含んでいる．

本巻に掲載されたセメント焼成炉の制御の研究過程では，統計的モデル選択が重要な課題となり，これが情報量規準AIC導入のきっかけを与えることになった．また，この研究で確立されたダイナミックシステムの統計的解析と制御の方法は，その後多くの研究分野に適用され著しい成果をあげることとなった．適用分野の拡大は新しい統計的方法の発展の契機を与え，ベイズモデルの実用化につながった．本書にはベイズモデルの利用によりはじめて可能となった解析結果も数多く掲載されている．

本書には種々の発展段階にある時系列解析の成果が収録されており，理論と応用が相携えて発展する統計科学の理想的な展開の姿を目の当たりに見ることができる．読者には本書の筆者等が，それぞれにさまざまな工夫をこらして問題の解決に至った過程を読み取り，今後自らの分野の研究の新たな展開を目指す際の一助として活用されることを願っている．

本書の出版は統計数理研究所創立50周年記念刊行物の一環として企画された．刊行物委員会の委員長として本書の出版を勧められた田辺國士教授に感謝申し上げる．本書は LaTeX を用いて作成されたが，統計数理研究所の中村隆助教授にスタイルファイルの作成や組版などで全面的な助力を得た．また，LaTeX 以外の形で提出された原稿の入力や編集・レイアウト等の作業は小野節子さんによる．本書の出版にあたってご協力いただいたこれらの方々に深く感謝したい．

1995 年 6 月

赤池弘次
北川源四郎

参考文献概説

本書は2巻で構成されている．本巻の各章の内容を対象とモデルの観点から大まかに分類すると以下のようになる．○は第I巻に掲載されたものを示す．

	制御	工学	地球物理	医学生物	経済
ARモデル	1章 ○○	2, 3章 ○		4, 5章 ○	6章
その他	○		○		
ベイズモデル		○	8, 9章	○	
状態空間モデル			10, 11章 ○	○	7章 ○

本書では時系列解析の基本的な事項に関する知識を仮定している．これらについては下記の文献あるいは本巻の付録を参照されたい．

各章で直接引用された文献はそれぞれの章末に示してあるが，本書の内容と関連の深い時系列解析の文献としては以下のものがある．

1. 赤池弘次, 中川東一郎 (1972), ダイナミックシステムの統計的解析と制御, サイエンス社.
2. 尾崎統 編 (1988), 時系列論, 放送大学教育振興会.
3. 北川源四郎 (1993), FORTRAN77 時系列解析プログラミング, 岩波書店.

いずれの本にも時系列解析の基本的な方法は紹介されているが，それぞれの特徴をあげておくと，[1] は多変量ARモデルにもとづく解析，制御の方法を示した先駆的な本．また，プログラムパッケージ (TIMSAC) が掲載されている．[2] にはベイズモデルにもとづく解析法など最近の成果が簡潔に解説されている．[3] には状態空間モデルにもとづく非定常時系列の解析法とFORTRANプログラムが解説されている．

本書のほとんどの章では赤池情報量規準 AIC を駆使してモデル選択が行なわれているが，AIC の解説としては

4. 赤池弘次 (1976), 情報量規準とは何か, 特集: 情報量規準, モデルの尤度を計る, 数理科学, No. 153, 1976 年 3 月号, 5–11.

5. 坂元慶行, 石黒真木夫, 北川源四郎 (1983), 情報量統計学, 共立出版.

がある．

本書の解析に必要な計算プログラムの多くはプログラムパッケージ TIMSAC (Time Seires Analysis and Control Program Package) シリーズとして公開されており，プログラムリスト，計算例などは以下の文献に掲載されている．

6. TIMSAC: [1] の文献に含まれている．

7. TIMSAC–74, TIMSAC–78, TIMSAC–84: *Computer Science Monograph*, The Institute of Statistical Mathematics, Nos. 5 (1975) & 6 (1976), No. 11 (1979), Nos. 22 & 23 (1985).

目　　次

第I巻の内容

- □ 統計モデルによる火力発電所ボイラの制御
- □ 多変量自己回帰モデルを用いた生体内フィードバック解析
- □ 経済時系列の変動要因分解
- □ 船体運動と主機関の統計的最適制御
- □ 地震波到着時刻の精密な推定
- □ 人間–自動車系の動特性解析
- □ 船体動揺データを用いた方向波スペクトルの推定
- □ 生糸操糸工程の管理
- □ 薬物動態解析への応用
- □ 状態が切り替わるモデルによる時系列の解析
- □ 時変係数 AR モデルによる非定常時系列の解析

1

セメントプロセスの統計的制御

1.1 はじめに

セメントプラントで最も重要なプロセスの一つがキルンプロセスである．キルンプロセスは多くの内部雑音源と内部フィードバックループを持った多入力多出力系で，物理的特性の面で観ればこのプロセスはその挙動が時間的・空間的広がりを持った分布定数系である．そのモデルはキルン内の熱収支，物質収支から導かれるガス温度 T_G と原料温度 T_M に関する偏微分方程式で与えられる．最初のプロセス制御用計算機が秩父セメント熊谷工場に導入された初期の段階(1962年)ではこの数学モデルが制御に使われた．しかしながら，この数学モデルは実プロセス内に存在する雑音源が考慮されていないために安定化制御に使うモデルとしては十分ではなかった．

他方，従来からキルンプロセスを集中定数系とみなした1入力1出力の局所定値制御(PID型)が試みられていた．この制御系はフィードバック制御だから雑音に対してはある程度ロバストではあるが，プロセス変数間の相互干渉(内部フィードバックループ)が考慮されないためいつもうまくいくとは限らなかった．プロセス変数間の相互干渉が扱えかつ雑音特性も取り込んだ対象プロセスモデルの同定が安定化制御実現のキーポイントであり，何らかの統計的なアプローチが必要であった．

1967年に2台目のプロセス制御用計算機が熊谷工場に導入されたのを機会に，原料調合プロセスとロータリキルンプロセスに時系列解析が応用された．

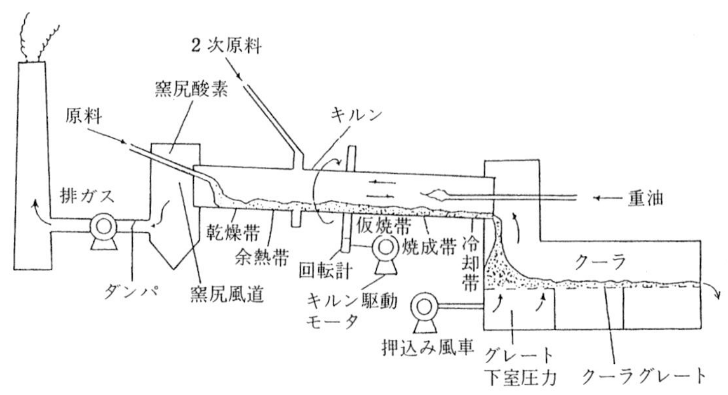

図 1.1　湿式ロータリキルンの説明

まず，スペクトル解析の結果及び物理的化学的特性や計測上の問題等の経験的知識を総合して被制御変数，操作変数やサンプリング間隔が決定された．続いて，AIC と同等な FPE 規準に従ったキルンプロセスの多変量 AR モデルの同定が実行され湿式セメントキルンの計算機制御 (最適レギュレータによる最適制御) が実現した．

この初期の研究開発成果は Otomo, Nakagawa and Akaike (1969, 1972)，赤池，中川 (1972) に詳しく報告されている．雑音の多い工業プロセスの実用的なモデル同定法と制御系設計のシステマティックなアプローチを最初に確立したという意味でこの研究開発成果は制御の分野に多大に寄与したと言える．

この成果が得られた後，間もなくセメントプラントは生産効率と熱効率の改善のためにそれまでのスラリー状 (32%の水分を含んだ状態) の原料を用いる湿式タイプ (図 1.1) から粉末原料を用いる乾式タイプ (NSP キルン)(図 1.3) に変わった．1983 年この NSP キルンプロセスについても時系列解析を応用し，仮焼プロセスとクリンカクーリングプロセスの実用的な AR モデルを得た．それ以来このモデルによるオンライン制御が継続している (Hagimura, Saitoh, Yagihara and Kominami 1986; Hagimura, Saitoh and Yagihara 1988)．ここではこの新しいタイプのキルンプロセスの制御の経験について述べることにする．

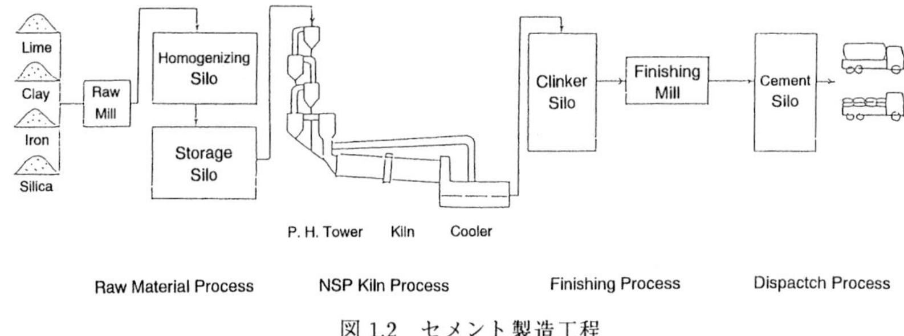

図 1.2　セメント製造工程

1.2　セメントプラントの説明

セメント製造プラントに馴染みのない読者のためにセメントの製造工程について概説する．セメント製造工程は図 1.2 に示したように原料工程，焼成工程 (NSP キルン工程)，仕上工程，出荷工程から成る．

原料工程ではセメント半製品であるクリンカ生成に必要な主要な 4 成分 CaO, SiO_2，Fe_2O_3，Al_2O_3 を含む 4 種類の天然原料 (石灰石，粘土，けい石，鉄さい) が秤量，粉砕，調合され，均質化された調合原料が貯蔵サイロにストックされる．ここでの制御のポイントは調合原料の 3 つの成分比率 (HM，SM，IM) が所定の値を保つように各原料の秤量機をコントロールすることである．調合原料の成分比率の乱れは後続工程のキルンプロセスの乱れを，ひいては製品の品質の悪化を招く．

NSP キルン工程は次の 3 つのサブプロセスより成る．

1) サイクロン・サスペンション・プレヒータタワー (P. H. タワー)
ここでは調合原料の予熱と仮焼 (脱炭酸反応) が行われる．調合原料が十分な反応を行わないままで後続工程のロータリキルンに入ると生焼け現象となり，品質悪化を招く．

2) ロータリキルンプロセス
このプロセスでは，半製品であるクリンカが約 1450 ℃の高温で焼成される焼成帯と呼ばれるゾーンが中心である．この焼成帯ではセメントの品質を決めるクリンカ鉱物が生成されるからここで発生・供給される熱量の大幅な変動は不良クリンカを生成する．またここでは土手落ち (キルン内壁の付着物の脱落現象) や燃焼炎が所定の位置に焦点を結ばず奥へ伸びたり手前に縮んだりするいわゆる長炎，短炎等と言った内部擾乱が多く起こり，これが原因となって熱量の大幅な変動が起こる．

3) クリンカ冷却プロセス
ここではキルンから送り出されたクリンカが冷却ファンで押し込まれた冷却用空気により急冷される．クリンカと熱交換して高温となった空気は燃焼用2次空気としてキルンとプレヒータタワーに回収される(フィードバックループの形成)．従ってこの2次空気の持込み熱量の変動はキルンとプレヒータタワーへの外乱となる．

仕上げ工程ではボールミル内で石膏と共にクリンカが粉砕され，最終製品であるセメントに仕上げられる．

以上述べたようにセメント製造工程のうちキルンプロセスがセメント品質を維持するために最も重要であり，調合原料の安定的な仮焼とクリンカの定常的な焼成及び定常的なクリンカ急冷が必要である．これ等のサブプロセスは種々の内部擾乱とフィードバックループを含んでいるため制御が難しく，統計的なアプローチによるモデル同定と現代制御理論による制御系設計の実際的な手順が必要である．

1.3　キルンプロセスの同定と制御

1.3.1　仮焼率制御

仮焼プロセスは図1.3に示すようにFF(Flush Furnace)内に存在する．ここでは約850 ℃の温度のもとで次の化学反応(脱炭酸反応)が行われる．

$$CaCO_3 \rightarrow CaO + CO_2 \uparrow \tag{1.1}$$

この反応は約420kcal/kgの吸熱反応で，必要な熱量はFFの微粉炭とキルン排ガス及びクリンカクーラからの2次空気で与えられるが，キルン排ガスとクーラからの2次空気の持込み熱量の変動が不安定な外乱として仮焼プロセスに作用する．

仮焼反応の行われている C_4 サイクロンの出口ガス温度 T_1 の大幅な乱れは後続のキルンプロセスを乱すことになるから，安定的な仮焼反応のためには C_4 サイクロン出口ガス温度 T_1 をFF微粉炭焚量の操作によって一定の設定値の回

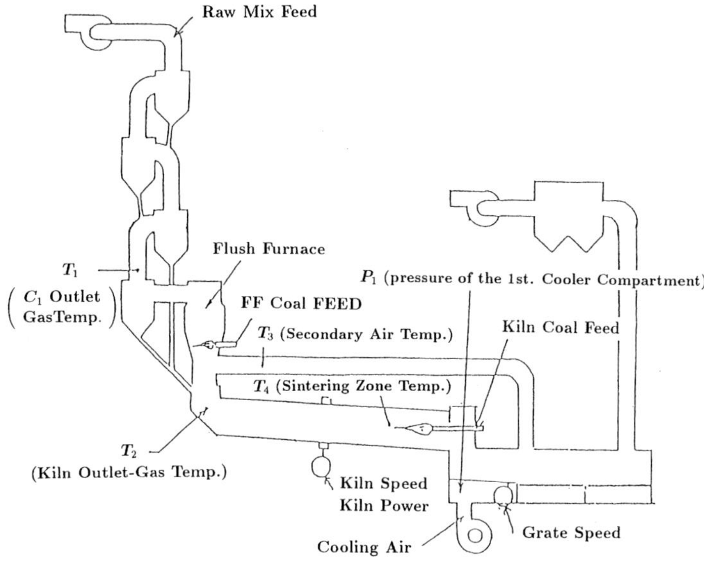

図 1.3 乾式 NSP キルンの説明

りの狭い範囲に保持しなければならない．一方 C_4 出口ガス温度 T_1 から 2 次空気温度 T_3 を通してのフィードバックは約 25 分の時間遅れを持っているため，特定の擾乱のもとではこの時間遅れに起因する遅れ振動が起こると考えられる．この事実は図 1.4 に示されている．古典的な PID 制御は T_1 と T_3 の間の相互干渉を考慮していないためにこの振動を抑えるどころか益々助長してしまっている．

制御の目的は FF 微粉炭焚量を調節することによって C_4 出口温度 T_1 を安定にすることである．仮焼プロセスの熱的な挙動を解析するために，まず，静的な熱収支の考察から入力としてキルン微粉炭焚量，FF 微粉炭焚量，調合原料供給量の 3 変数を，また出力として T_1，T_2 (キルン排ガス温度)，T_3 の 3 変数を選んで (図 1.3 参照) 次の多変量 AR モデルを仮定した．

$$X_n = \sum_{m=1}^{M} A_m X_{n-m} + U_n \tag{1.2}$$

ここに X_n は 6 次元のプロセス変数ベクトル，A_m は係数行列，U_n は白色雑音

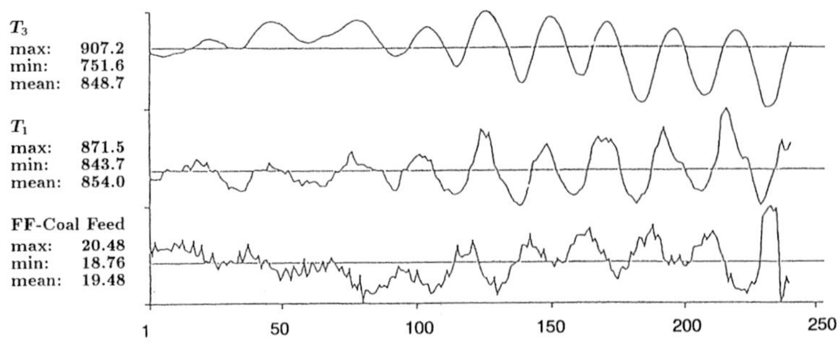

図 1.4 C_4 出口ガス温度 T_1 の PID 制御と遅れ振動

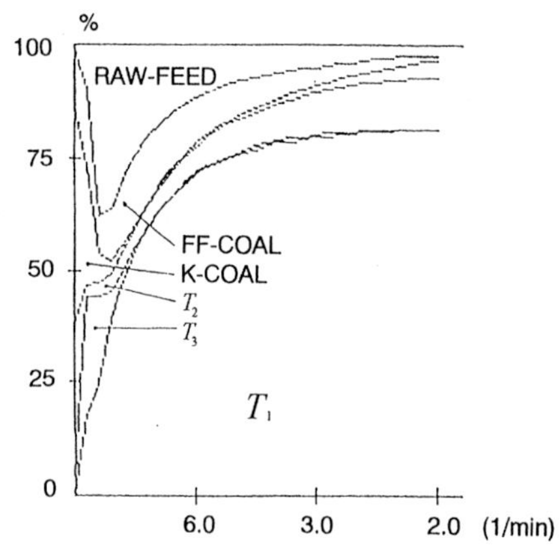

図 1.5 C_4 出口ガス温度 T_1 のパワー寄与率

ベクトルである．ただし，各変数は各々の設定値(制御の目標値)からの偏差によって表現されている．次に最小 AIC 手順をサンプリング間隔 1 分，長さ 150 のデータセットに適用しモデル次数 $M = 2$ を得た．図 1.5 に T_1 に対する他の変数のパワー寄与率を示した．これによればキルン微粉炭焚量 (K-COAL) と T_2 の T_1 への寄与は直流に近い低周波領域に限られているのに対し，調合原料供給量 (RAW-FEED) と T_3 は中間周波数帯 (20～60 分) で T_1 に有意に寄与している．

K-COAL と T_2 の低周波領域での大きな寄与は，これ等の変数がキルン全体

表 1.1 AIC によるモデルの比較

	モデル (1) $M=2$	モデル (2) $M=3$	モデル (3) $M=3$	モデル (4) $M=3$	モデル (5) $M=3$
T_2	○	○	○		
T_3	○	○	○	○	○
T_1	○	○	○	○	○
Kiln Coal	○				
FF-Coal	○	○	○	○	○
Raw Mix Feed	○	○			○
Min. AIC(M)	1529.4	1530.5	1539.4	924.9	914.5

を適当な熱環境に保持するための基本的な熱的挙動を支配していることを暗示している．このことは我々の経験と良く一致している．当面の目的は約 25 分の遅れ振動を抑えることであり 20〜60 分の中間周波数帯にのみ注目すれば良いので，K-COAL と T_2 を除外した 4 変数のモデル (T_3, T_1; FF-COAL, RAW-FEED) が考えられた．一方，最初の 6 変数のモデルをモデル (1) とし，表 1.1 に示すように変数を取捨選択して得られるモデル (2)，モデル (3)，$\cdots$ の AIC の比較から最小 AIC を与えるモデルは上述の経験的判断から得られた 4 変量モデル (5) と一致した．

4 変量 (T_3, T_1; FF-COAL, RAW-FEED) のプロセスを次の ARX モデルによりモデル化した．

$$x_n = \sum_{m=1}^{M} a_m x_{n-m} + \sum_{m=1}^{M} b_m y_{n-m} + w_n \tag{1.3}$$

ここに x_n は 2 次元の被制御変数ベクトル (出力)，y_n は 2 次元の操作変数ベクトル，w_n は x_n に関する白色雑音ベクトル，a_m，b_m は係数行列である．最小 AIC 規準を適用して 3 次のモデルが選ばれた．このときの予測誤差の共分散行列も殆ど対角型に近く (表 1.2)，T_1 に対する FF-COAL，RAW-FEED，T_3 の寄与も図 1.5 と殆ど同じであった．

我々の経験から，当面の制御の目的に対してはこの簡潔なモデル (T_1, T_3; FF-COAL, RAW-FEED) が最良であると判断できる．しかし，調合原料供給量と比例関係にある生産量は生産管理レベルで決定されるから，制御によって RAW-FEED が頻繁に操作されると実際の生産量が管理レベルで決まった生産量と一

表 1.2　イノベーションの正規化共分散行列

	T_3	T_1	FF-Coal	Raw Mix Fffd
T_3	1.00	−0.05	0.03	0.02
T_1	−0.05	1.00	−0.07	−0.12
FF-Coal	0.03	−0.07	1.00	−0.06
Raw Mix Feed	0.02	−0.12	0.06	1.00

[システム出力] T_3, T_1
[システム入力] FF-Coal, Raw Mix Feed

致しなくなる．従って実際の制御ではRAW-FEEDを除いたモデル，即ち表1.1のモデル (4) を採用した．RAW-FEED を除いたモデル (4) では，もし RAW-FEED が何らかの理由で操作されてもこのモデルは検知できないから T_1 に定常偏差を生じる可能性がある．この意味ではモデル (5) を採用し，制御ゲインによってRAW-FEED を操作しないようにすべきだったであろう．

最適制御器を設計するためにプロセスモデルを次の状態空間モデルに変換する．

$$Z_n = \Phi Z_{n-1} + \Gamma y_{n-1} + v_n \qquad (1.4)$$

$$x_n = H Z_n \qquad (1.5)$$

ここに Z_n は6次の状態変数ベクトル，y_n は操作変数ベクトル，v_n は白色雑音ベクトル，Φ，Γ，H は (1.3) 式の係数行列 a_m, b_m $(m = 1, 2, 3)$ を使って以下に定義された係数行列である．

$$\Phi = \begin{bmatrix} a_1 & I & 0 \\ a_2 & 0 & I \\ a_3 & 0 & 0 \end{bmatrix}, \quad \Gamma = \begin{bmatrix} b_1 \\ b_2 \\ b_3 \end{bmatrix}, \quad H = \begin{bmatrix} I & 0 & 0 \end{bmatrix}$$

次に操作変数 y_n の操作量を定めるために以下の評価関数 J_I を最小にする最適制御器を設計する．

$$J_I = \mathrm{E}\{K_I\} \qquad (1.6)$$

$$K_I = \sum_{n=1}^{I} \{Z_{n-1}^T Q Z_{n-1} + y_{n-1}^T R\, y_{n-1}\} \qquad (1.7)$$

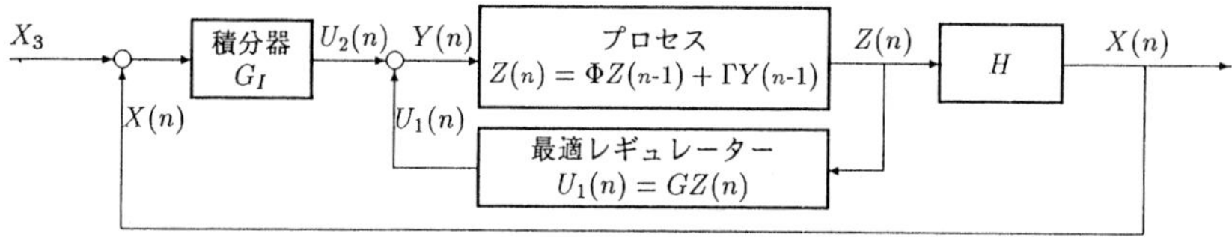

図 1.6 LQ 制御 ＋ 積分制御

ここに E は期待値，Q は半正定値の荷重行列，R は正定値荷重行列であり，$I = 10$ にセットした．動的計画法により最適制御ゲイン G を計算し，この G から制御則が

$$y_n = GZ_n \tag{1.8}$$

と決定された．制御ゲイン G を決める荷重行列 Q，R はそれぞれの対角要素に種々の値を指定してシミュレーションを通してチューニングされる．チューニングの初期値として通常 Q には対応する被制御変数の予測誤差の分散の逆数を，また R には対応する操作変数の生データの分散の逆数を指定する．しかし Q のこの指定は通常は強すぎ，モデルに含まれない変数の影響下にある実プロセスではハンティング気味になるので，シミュレーションの結果を見ながら少し小さめに調整する必要がある．

上で考えた最適制御器はいわゆる最適レギュレータ (2 次評価式の下で設定値の周りの変動を最小化する線形制御器: LQ 制御器) であって，目標値である設定値の変更という考えはない．従って設定値変更や持続性の外乱に対してはオフセット (定常偏差) を生じる．この問題は積分動作を行なう制御器を従続的に付加した積分補償付最適レギュレータ (LQI 制御器) を設計することで解決するが，ここでは既に LQ 制御器が実現しているのでプロセスと LQ 制御器とから成るフィードバック系を対象プロセスとみなして積分制御によるフィードバック制御系を構成した (図 1.6).

(1.4) 式で雑音を無視するものとすれば対象プロセスのモデルは

$$Z_n = (\Phi + \Gamma G)Z_{n-1} + \Gamma u_{2,n-1} \tag{1.9}$$

$$x_n = HZ_n \tag{1.10}$$

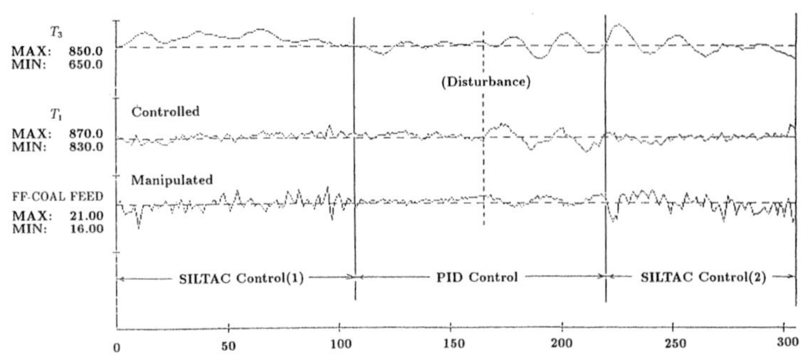

図 1.7　仮焼プロセスの PID 制御と SILTAC 制御の比較

で表せる．一方，積分制御器の出力 $u_{2,n}$ は被制御変数の目標値を x_s とすれば

$$u_{2,n} = u_{2,n-1} + G_I(x_s - x_n) \tag{1.11}$$

となる．ただし G_I は積分制御器の積分ゲインである．対象プロセスの定常ゲイン K_P は (1.9)，(1.10) 式から

$$K_P = H(I - \Phi - \Gamma G)^{-1}\Gamma \tag{1.12}$$

となるから，これを参考にしてシミュレーションで G_I を調整した．

古典的な PID 制御とここで新たに採用した最適制御 (これは SILTAC の名で呼ばれる制御システムを用いて実現されているので，以後 SILTAC 制御と呼ぶ．なお，SILTAC はシステム綜合開発株式会社の製品である) のオンライン制御結果を図 1.7 に示した．

PID 制御が FF-COAL を決める際に T_3 の情報を使っていないのに対して SILTAC 制御では T_1 の予測に際して T_3 の情報を活用している．FF-COAL で T_3 を直接制御できないので T_3 に対する制御ゲインは Q を調整することによってほぼ 0 にセットされている．図 1.7 から SILTAC 制御 (1) のもとではプロセスは極めて安定的であるが PID 制御では土手落ちが原因で遅れ振動を起こしており，不安定であることが判る．この遅れ振動は SILTAC 制御 (2) によって急速に減衰し安定性を回復している．

表 1.3 と図 1.8 には両方の制御での平均値，分散とパワースペクトルの比較を示してある．これらの図表から，T_3 は制御されていないが T_1 についてみれ

表 1.3 PID 制御時と SILTAC 制御時の平均，分散，標準偏差

		SILTAC(1)	PID	SILTAC(2)
T_3 *1	平均	805.50	784.90	794.20
	分散	169.00	234.60	1152.00
	標準偏差	13.00	15.32	33.94
T_1 *2	平均	849.90	849.30	839.10
	分散	3.52	9.98	3.85
	標準偏差	1.88	3.16	1.96
FF-Coal	平均	18.53	18.67	18.45
	分散	0.105	0.026	0.175
	標準偏差	0.324	0.16	0.145

*1 T_3 の設定値はフリー
*2 T_1 の設定値は 850.0 ℃

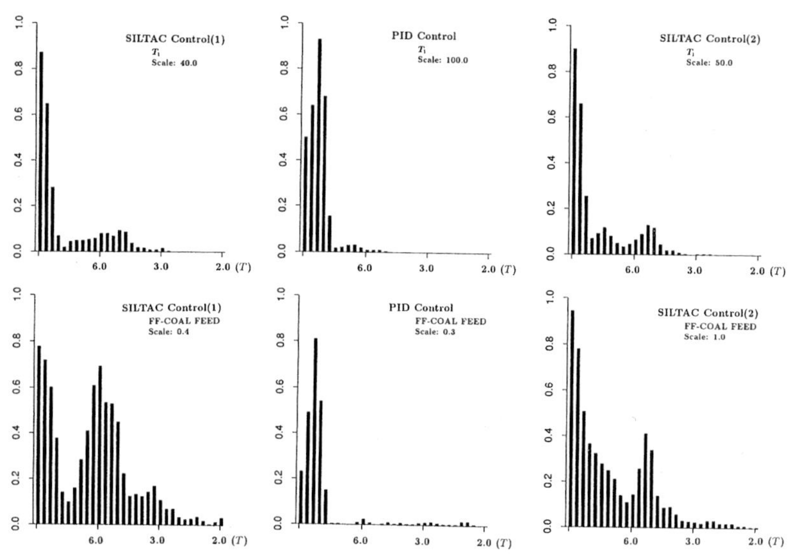

図 1.8 PID 制御時と SILTAC 制御時の T_1 のパワースペクトルの比較

ば PID 制御によるよりも SILTAC 制御による方が設定値 (850 ℃) の回りの狭い範囲に制御され，直流分に近い長周期の変動も SILTAC 制御の場合の方が良く抑えられていることが判る (図 1.8 では各スケールの違いに注意されたい).

5 分程度の周期の変動については PID 制御の方が良いが，これは SILTAC 制御の際の FF-COAL 定値制御 (PID 制御) の調整不良によるものであった.

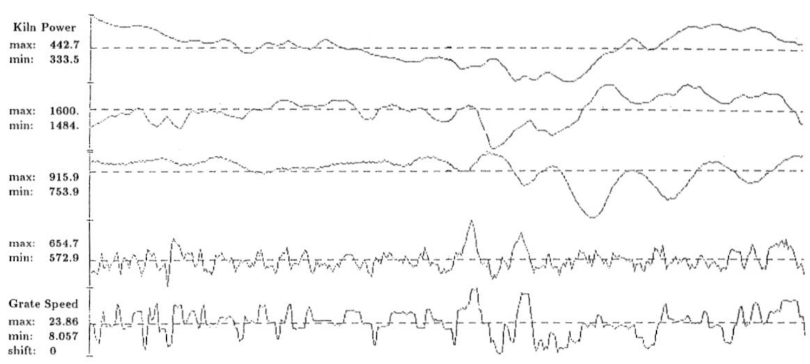

図 1.9　クーラプロセスの生データ記録

1.3.2　クリンカクーラ制御

キルンから排出された高温のクリンカは往復運動しているグレート上を一定の層厚をもって移動しつつ冷却用空気との熱交換によって急冷される．クリンカとの熱交換によって高温となった空気は750〜850℃になってキルンおよびFFの燃焼用2次空気として回収される．この熱交換の大幅な変動はキルンおよびFFの微粉炭の燃焼を乱し，結果として焼成帯温度 T_4 と C_4 出口ガス温度 T_1 の変動を引き起こし，燃料原単位(クリンカ1トンを焼成するのに必要な燃料量)を悪くすると共にクリンカ品質にも影響をおよぼす．2次空気の熱量変動の主要因はグレート上のクリンカ層厚の変動でこれはグレート下部室内の圧力で間接的に知ることができる．従来の制御ではこの圧力を所定の値に保つようにグレート速度を操作していた．しかしながら圧力を所定の値に保っても2次空気温度がいつも一定に保たれるとは限らない．2次空気温度はキルンから排出されたクリンカ温度にも影響される．

図1.9に示す5変数，即ちキルン駆動電力(kiln power)，焼成対温度(T_4)，2次空気温度(T_3)，クーラ圧力(P_1)，グレート速度(grate speed)でクーラプロセスの時系列解析を試みたが，図1.9から判るようにキルン駆動電力と T_4，T_3 は他の P_1 とグレート速度に比べて応答が遅く，この様な時定数の極端に異なる変数の組合せを用いて同定しても良いモデルは得られないことが分かった．P_1 とグレート速度の動特性を捕えようとすれば早いサンプリングが必要だがキルン駆動電力と T_4，T_3 も同じ早いサンプリングを行うことになるから，同定さ

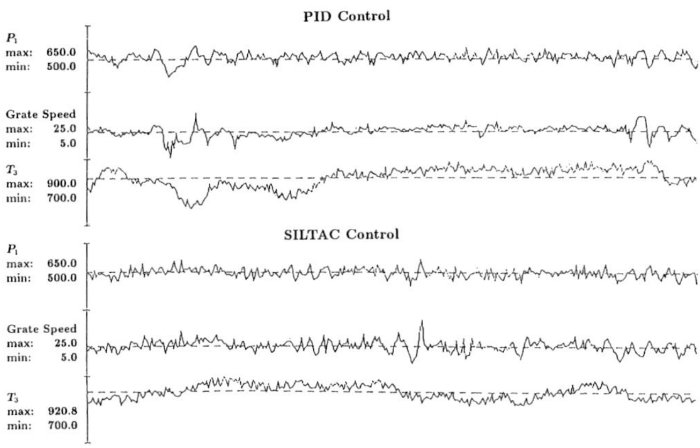

図 1.10 クーラプロセスの PID 制御と SILTAC 制御の比較

れたモデルの特性根に単位円に極めて近いものが現れ不安定なモデルとなってしまう．この理由から我々はキルン駆動電力と T_4 を除いたモデルを考えた．図 1.10 は PID 制御と SILTAC 制御による結果である．どちらの制御によってもプロセスは定常かつ安定であり，両者は似たような結果となった．

1.4 オンライン制御下でのデータ収集と同定

長期のオンライン制御ではプロセスの動特性が元の同定されたモデルと徐々に合わなくなってくることがあり，またオンライン制御中の製品の特殊な品種切り換えに対してそれまでのモデルが不適合になることもある．この様な時でもオンライン制御を中断することなくモデルを作り直したいというニーズがある．モデルが不適合の場合，モデルによる予測誤差の特性に変化が生じ，例えば予測誤差の平均値がどちらかの方向にドリフトするから，モデルの予測誤差を継続的に観測することによりモデルの不適化を監視できる．オンライン制御中の入出力データには多重共線性が発生するので，仮焼率制御実施中の操作変数の制御信号に適当な分散の白色雑音を付加してデータ収集し，オフラインで同定した．我々の経験では，白色雑音が互いに独立で大きさが適当 (白色雑音を付加する操作変数の生データの標準偏差の 2～3 倍程度の変動) ならば，この方法による同定は殆どの場合成功する．問題は制御ゲインの決定であるが，この問題の理論的な解答が見出せなかったため，Q と R のチューニングにはシミュレーションによる探索的アルゴリズムを採用した．

1.5 最適生産レベルと追従制御

一般的には生産レベルは工場の管理者によって決められるが，現場のオペレータはこの決められた生産レベルに対し制御系に関係する全変数に対してバランスの採れた設定値の組を決めなければならない．その際のオペレータのパフォーマンスインデックスは生産コストと製品の品質である．多入力多出力系ではこの設定値の決定は極めて困難な，しかし重要な問題である．

最適設定値決定問題には線形計画法が適用できる．その際プロセスにより課せられる制約条件はプロセスモデルによって与えられるが，さらに目的関数の構成が問題である．制約条件となるプロセスモデルについては設定値は通常頻繁に変更されるものではないので，設定値モデルのサンプリング間隔は安定化制御に比べれば遥かに長くて良い．この条件の下で設定値モデルの動的なプロセスモデルが(1.3)式で与えられると仮定すれば，サンプル値制御理論(Jury (森訳) 1962)の最終値定理から次の定常モデルが得られる．

$$x_s = K_P y_s \tag{1.13}$$

$$K_P = \left(I - \sum_{m=1}^{M} a_m\right)^{-1} \left(\sum_{m=1}^{M} b_m\right) \tag{1.14}$$

ここに x_s，y_s はバランスした(LP問題を解いて求めるべき)設定値ベクトルの組，K_P はプロセスの定常ゲイン行列である．ここで m_x，m_y を同定に使った x_n，y_n の平均値ベクトル，x_L，y_L と x_U，y_U をそれぞれの変数の下限値および上限値のベクトルとすれば，ここでのLP問題の定式化は次のように述べられる．

$$\text{目的関数} \quad ; \quad J = \alpha^T x_s + \beta^T y_s$$

$$\text{制約条件} \quad ; \quad \begin{cases} x_s - K_P y_s = E_s(m_x, m_y) \\ x_L \le x_s \le x_U \\ y_L \le y_s \le y_U \end{cases}$$

ここに $E_s(m_x, m_y) = (m_x - x_s) - (m_y - y_s)$ であるから，オンライン制御期間中に m_x，m_y が変化すれば $E_s(m_x, m_y)$ も変化する．

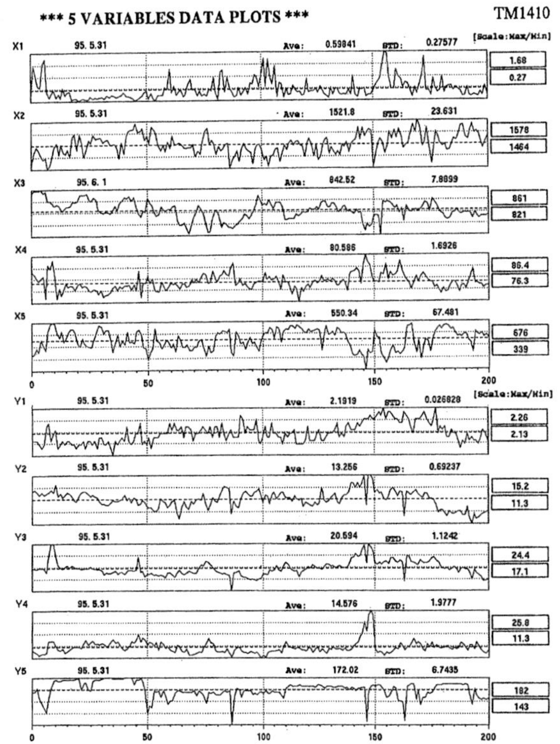

図 1.11　最適生産レベルのための解析用キルンデータ (Δt=8hr.)

目的関数 J には問題設定からして線形関数が設定されるが，問題は係数ベクトル α と β の設定である．コスト最小と高品質維持を目的とすることから係数決定には主成分分析あるいは正準相関分析の応用が考えられるが，ここでは図 1.11 の 8 時間毎の平均値データから成る時系列データ (サンプリング間隔＝8 時間) を使って主成分分析の適用を試みた．

まず，この時系列データを使って K_P と $E_s(m_x, m_y)$ を求めると表 1.4 のようになった．K_P の符号と大きさからみて妥当な定常ゲインになっている．

次に同じ時系列データに主成分分析を適用したところ，因子負荷量の符号と値の概略の大きさの点から第一主成分がコストと品質の 2 つのカテゴリーを表すことが判った．そこでこの主成分の固有ベクトルを α と β にして LP の目的

表 1.4　プロセスの定常ゲイン K_p と制約値 $E_s(m_x, m_y)$

$-K_p$					E_s
.13881E+1	.58279E−1	.46885E−1	−.57690E−1	−.51754E−2	.29373E+0
.42974E+3	−.97157E+0	−.58943E+0	.21355E+0	.23971E+1	.28986E+1
.51408E+2	.23601E+0	−.24734E+1	−.81482E+0	.99792E+0	.40000E+1
.61488E+1	.58970E+0	.62358E+0	−.17899E+0	−.85463E−1	.13453E+1
−.13041E+4	−.13533E+2	−.61773E+0	.73241E+1	−.45758E+1	.12858E+3

表 1.5　LP による最適生産レベル

変数名	平均値[*1] (A)	LP 解[*2] (B)	差異 (A)−(B)
X_1 ; fcao[*3]	0.5984	0.3636	−0.2384
X_2 ; T201	1521.80	1513.41	−7.89
X_3 ; T32	842.52	840.42	−2.10
X_4 ; OIL-l/t[*4]	80.59	79.11	−1.48
X_5 ; W200	550.34	617.63	67.29
Y_1 ; Kiln-HM	2.1919	2.1651	−0.0268
Y_2 ; W252	13.26	12.57	−0.69
Y_3 ; W262	20.59	19.47	−1.12
Y_4 ; N215-1	14.58	16.55	1.97
Y_5 ; N200[*5]	172.02	170.28	−1.74

*1 同定に使用したデータの平均値 (m_x, m_y)
*2 線形計画法によって得られた最適設定値 (X_s, Y_s)
*3 fcao はクリンカ中の残留 Cao で，セメントの品質に関係する．
*4 OIL-l/t は燃料原単位 (リッター/クリンカ　トン)
*5 N200 (キルン回転速度) は生産量に関係する．
*6 評価関数は第一主成分の固有ベクトルで構成された．

関数を

$$
\begin{aligned}
J \;=\; & 0.260x_{s1} + 0.043x_{s2} - 0.070x_{s3} + 0.497x_{s4} - 0.384x_{s5} \\
& + 0.404y_{s1} + 0.348y_{s2} + 0.343y_{s3} + 0.196y_{s4} - 0.303y_{s5}
\end{aligned}
$$

とした．以上の LP 問題を解いて表 1.5 の結果を得た．

この結果はコスト最小で高品質維持という目的を各変数の具体的な設定値で表現するもので，妥当なものである．各変数の設定値が決まれば，図 1.6 のフィードバック制御系によってその設定値に向けての追従制御 (LQI 制御) が働くこと

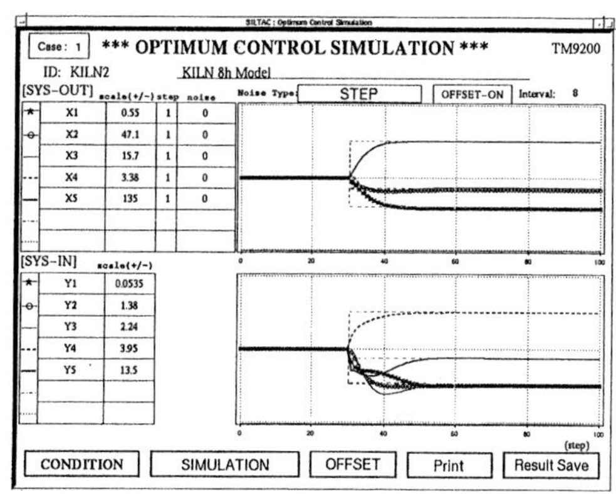

図 1.12　最適生産レベルの変更と追従制御

になる (図 1.12).

1.6　まとめ

セメントプロセスの中でも最も重要な NSP キルンの仮焼プロセスとクーラプロセスの 2 つを採り上げ，そこでの同定と制御の成功例について概説した．また，多変数制御系になるとバランスのとれた設定値の組を求めることはオペレータにとっては至難の技である．この意味で最適生産レベル決定問題に対する試みについても触れた．

実際の工業プロセスは雑音が多く，内部のフィードバックループを通して多くの変数が干渉し合い，複雑な動きを示す．この複雑な動きの構造を明らかにするには統計的なアプローチしかないと思われる．複雑な動きを示す実データからのプロセス同定と制御設計で大切なのは，実データ記録の入念な観察と制御の目的をはっきりさせること，更には同定の結果得られたモデルに対する理論的，経験的裏打ちであろう．

プロセスの定常性が長期間にわたって保たれているとは限らないし，非線形な現象が起こることもある．制御を長期間にわたって継続できるためにはこの様な事態にも対処できる，制御結果の傾向的変動に重心を置いたフィードバック制御系をも採り込んだタフな制御システムの構築が必要であろう．

[八木原 彬殷]

文　献

Otomo, T., Nakagawa, T. and Akaike, H. (1969), "Implementation of computer control of a cement rotary kiln through data analysis," *Technical Session 66, IFAC 4th World Congress*, Warsaw, 115–140.

Otomo, T., Nakagawa, T. and Akaike, H. (1972), "Statistical approach to computer control of cement rotary kilns," *Automatica*, Vol. 8, 35–48.

赤池弘次, 中川東一郎 (1972), ダイナミックシステムの統計的解析と制御, サイエンス社.

Hagimura, S., Saitoh, T., Yagihara, Y. and Kominami, T. (1986), "The hierarchical control with stability and production level control of cement NSPkilns," *IFAC 5th MMM Congress*, Tokyo, 77–78.

中川東一郎, 八木原彬殷 (1985), 動的最適生産レベルの設定と制御へのアプローチ, 計測と制御, Vol. 24, No. 11, 77–83.

Jury, E. I. (森他共訳) (1962), サンプル値制御, 丸善, 26–27.

Hagimura, S., Saitoh, T. and Yagihara, Y. (1988), "Application of time series analysis and modern control theory to the cement plant," *Annals of the Institute of Statistical Mathematics*, Vol. 40, No. 3, 419–438.

2

ARdockによる「人–二輪車システム」の解析

2.1 はじめに

自転車やオートバイが直進走行しているときには (1) 直立安定を保つこと，(2) 方向安定を保つこと (進路保持)，が満たされていなければならない．二輪車が倒れずに走行できる理由が何であるのか，古くから世人の興味をそそる問題であって，一時はジャイロ効果によるものと言われたりもした．しかし計算して見ればジャイロ効果は，ほとんど期待できないことがすぐ分かる．二輪車は本来的には静的不安定な存在であって，制御操作が与えられなければ倒れてしまう．走行中に絶えず何らかの外乱が加わるからである．外乱は操縦者自身からも与えられる．以後，機械力学的な外乱という用語はやめてノイズとよぶことにする．

二輪車は進路保持と直立安定のために接地点を左右に動かさなければならないが，たとえば，ハンドルが急に右に切れてタイヤの横すべり角が発生するときには，路面から車輪に対して右向きの力が生じて車輪は急速に右に移動する (左に切れたら左向きの力である．以後いちいち「たとえば右」というようにことわらない．二輪車は左右対称である)．この力はコーナリングフォースとよばれる．この他に，車体が右に傾くと接地点にキャンバースラストと呼ばれる力が生じて接地点が右に移動する．車体を右に傾けるには操縦者が上体を左に傾ければよい．二輪車の場合，ハンドル操作および左右へ上体を傾ける姿勢変化により，コーナリングフォースおよびキャンバースラストを通じて直立安定と

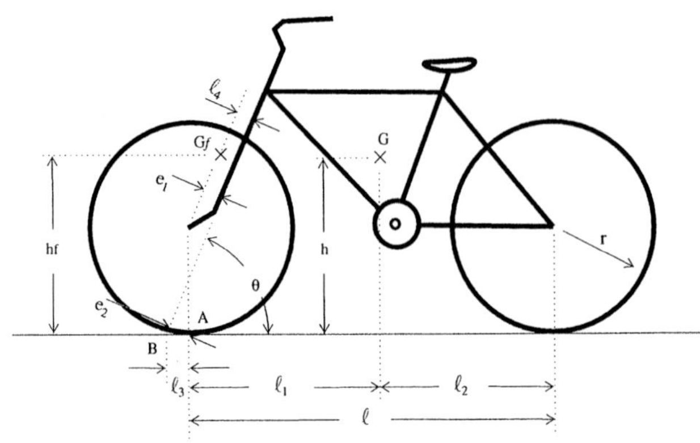

図 2.1　自転車のアラインメント，θ キャスター角，ℓ_3 トレール

進路保持を行っているのである．

直立安定のためには，右に傾いたらハンドルを右に切るなどして，前後車輪の接地点を結ぶ線が重心の下に来るようにする．進路方向が右側にずれているのを戻そうとするときは，ハンドルをさらに右に切って重心を左方に倒してからハンドルを左に切るなどの操作によって，安定を保ちながら方向を変える．このような操縦操作の他に，二輪車自体が機械力学的なフィードバック機構をもっている．操縦者がハンドル操作をしなくとも，車体が右に傾けばハンドルは自然に右に回るような構造になっている．これはハンドル系のアラインメント (図 2.1)，すなわち，キャスター角 (ハンドル回転軸の傾き) θ，トレール (ハンドル軸の延長線が地面と交わる点と前輪接地点との距離) ℓ_3，ハンドル系の重心位置 G_f などの幾何学的条件によって機械力学的に生ずるものである．手放し運転の時には，操縦者が上体を左に傾ければその反力トルクで車体は右に傾き，前輪系アラインメントによってハンドルが右に自動的に切れて右方向のコーナリングフォースが生ずるとともに，右方向へのキャンバースラストが生ずる．一般的にはコーナリングフォースの方が顕著である．

制御操作のほとんどは操縦者の操作によって行われているが，この操作が無意識的であるために，その制御内容，制御回路が明確になっていない．実際の二輪車走行の制御機構や制御操作についての検討はいろいろと試みられてきているが解明はされていない．最大の困難は (1) 左右への車体の傾きの揺動幅が標準偏差1度程度という微小量であること，(2) 操縦者の無意識的なハンドル操作，姿勢変化によるフィードバック制御および二輪車自体の機械力学的応答がからみあった多次元の定常不規則過程であり，たとえ，各変量が測定できたとしても，意味のある特性を推定できるような統計処理がこれ迄ほとんど不可能であったこと，の2点にあった．

このようなことから，従来の研究は，設定した操縦の制御機構モデル (ハンドル操作あるいは重心移動) による，人間–二輪車系の安定性や制御系の伝達関数の理論的，実験的研究 (塚田, 大矢 1981; 井口他 1986)，人体の応答性などの人間工学的研究 (影山, 向後 1984; 片山他 1987)，実走行において，特定の比較的大きなパルス入力を与え，それに対応する車体挙動の測定から人間–二輪車系の諸特性を同定する研究 (服部他 1975; 長谷川 1978; Zellner & Weir 1979; Aoki 1979) などに限られ，直進走行における人間–二輪車系の制御問題にまで踏み込んだ研究はなかったのである．20年ほど前から精密ジャイロが一般に使用できるようになり問題点 (1) は解決されたが，当時は，フィードバックのある制御系の定常不規則変動の観察から回路特性を同定することは無理であると明記した専門書もあったほどで，問題点 (2) は解決されていなかった．ところが赤池のTIMSAC (赤池, 中川 1972) が紹介されて，解決の道が開け，著者のひとりである大矢の機械力学研究室では10年あまり前からTIMSACを用いて解析を行ってきている (大矢ら 1991)．

この研究の直接の目的は，二輪車走行における操縦者の制御特性を知ることであるが，付随的にはこの解析を行うにあたり同時に求められる二輪車自体の伝達関数と機械力学的に求められた単体としての伝達関数との比較である．本章では，自転車直進走行時のロール角 (横ゆれ角) などの諸挙動の時系列に多次元自己回帰モデルを当てはめ，石黒が開発した自己回帰モデルによるシステム解析のためのソフトウエアARdockを用いて制御回路の同定を試みた結果について紹介することとする．

2.2 データ

人間–二輪車系の制御動作に関与する物理量のうち，被制御量としては，(1) ロール角 (バンク角)，(2) ハンドル角，の2変量，操作変量として，(3) ハンド

表 2.1 測定項目

項目	記号	単位	測定方法
ロール角	RO	deg	フリージャイロを車体に固定する.
ハンドル角	HA	deg	ハンドル回転軸に大きなプーリーを同軸にとりつけ，プーリーを介して小径のポテンショメータに回転が伝わるようにする.
ハンドルトルク	HT	kgf·cm	ハンドル部に副ハンドルを取り付け，その操舵力をひずみゲージ方式で計量する.
サドルトルク	ST	kgf·cm	サドル基部にひずみゲージを貼付し左右方向の人体の左右の傾きに対応してサドルに生ずる回転モーメントを測定する.
ペダル部トルク	PT	kgf·cm	通常のペダルを取り外してひずみゲージを貼付した固定ペダル(足のせ台)を取付け，身体の左右への傾きに対応して生ずる左右の足によるトルクを測定する.

ルトルク，(4) サドルトルク (姿勢変化による操作の目安となると期待されるサドルに加わる左右へのトルク)，および (5) ペダル部トルク (ペダル部に設けた足のせ台に加わるトルク) を測定することとした．5 変量についての測定方法と単位は表 2.1 の通りである．

いずれも左方向にねじる向きをプラスとした．使用自転車は市販の 26 インチ自転車を改造したもので諸元を表 2.2 に示す．

ペダル駆動による外乱を避けるために野外においては牽引走行，室内においては走行ベルト方式を用いることとした．路上実験の場合，路面幅が 5m あり，その幅の内であれば，進路保持については特に意識しないよう指示した．

室内実験は，ベルト幅 490mm の走行ベルト上で行っている．操縦者としては，倒れないこととベルト幅からはみ出さないことを通常の意識程度に心がけた走行である．前後の位置拘束は，乗り易さを考慮して，図 2.2 のように重心近傍で車体に自由結合されたロープによって行っている．

前輪が直下の小ローラ (直径 200mm) の軸芯より約 15mm 前にある．走行ベルト張力のため，前輪の反力点が 15mm 点ということにはならないが，推定で

表 2.2 供試自転車の諸元

自転車総質量	m_0	28.1	kg
前輪系質量	m_f	7.5	kg
車輪の質量	m_w	2.5	kg
車輪半径	r	0.327	m
自転車重心高	h	0.585	m
前輪系の重心高	h_f	0.785	m
前後輪接地点距離	ℓ	1.140	m
自転車重心と前輪接地点の水平距離	ℓ_1	0.630	m
トレール	ℓ_3	0.031	m
前輪系重心とハンドル軸の垂直距離	ℓ_4	0.030	m
キャスタアングル	θ	70	deg
フォークオフセット	e_1	0.083	m
キャスタレングス	e_2	0.029	m
車体の x 軸まわりの慣性モーメント	J_x	1.83	kg·m^2
車体の z 軸まわりの慣性モーメント	J_z	3.53	kg·m^2
車輪の車軸まわりの慣性モーメント	J_w	0.20	kg·m^2

約7mmローラ中心から先に接地点があると見てよいであろう．このため，前輪接地反力の前向き分力，約3〜4kgfがおこりロープ張力とバランスする．更に操縦安定性に対する影響としては，トレールが長くなることがある．実質的な接地点は前述のことから，前輪車軸の直下点よりさらに$8(=15-7)$mm後方となっており，また，この自転車の本来のトレールが31mmであるから，本条件の場合，$31+8=39$mmが実質的なトレール長となると考えられる．トレールが長くなると，(1) 高速 (40km/h 以上) でシミー (shimmy，二輪車などに高速走行中にしばしば起こる数Hzの自然発生的なハンドル振れ) が出なくなる，(2) 低速になるとハンドルの自然回転力が強くなる，という傾向があるが，結論として，この拘束方法で特に異常が生じることはないと考える．

体重60kg程度の4名の操縦者により各人車速10，15，20km/hの通常走行を行い，表2.1の5変量をデータレコーダに採録した．室内実験においては，左右への位置の変位Yも測定したが，(1) 走行力学的観点から他の変数の説明変数として主要なものになっていないと判断されること，(2) TIMSACによる予備的なパワー寄与率解析によると他の変数への寄与がほとんど見られないこと，(3) 路上走行実験において測定されていないこと，の3点を考慮して，本章で

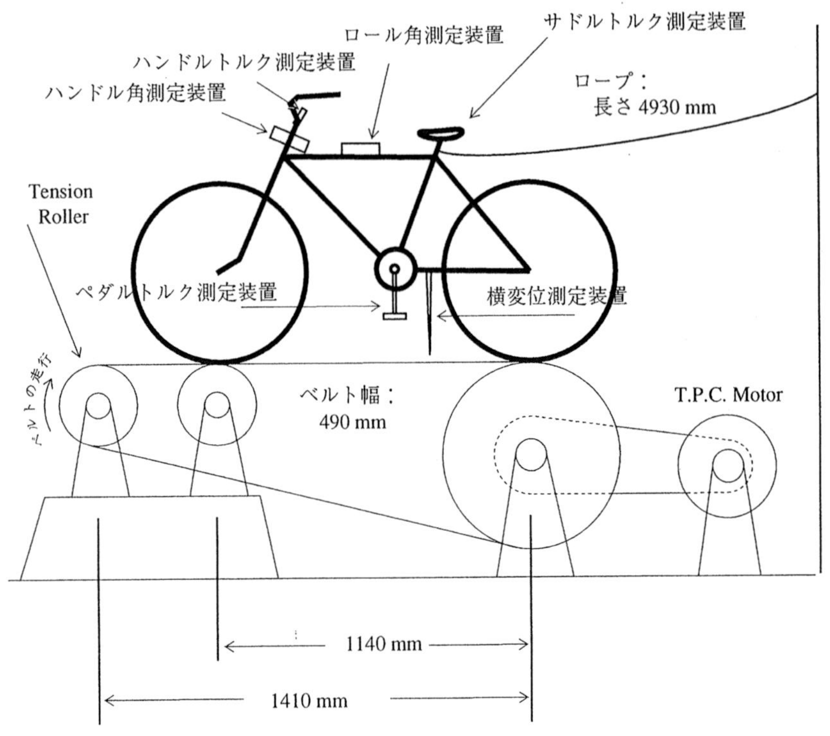

図 2.2　室内走行実験装置

表 2.3　測定値の標準偏差

RO	HA	HT	ST	PT
0.94deg	1.6deg	23kgf·cm	14kgf·cm	24kgf·cm

はRO，HA，HT，ST，PTの5変数に関して解析することとする．

エイリヤシングを考慮して10Hzのローパスフィルタに通し，100s区間のレコードをサンプリング間隔50msでAD変換してコンピュータに入力した．一例として図2.3にT君による20km/hの路上走行の記録を示す．各測定値の変動の標準偏差を表2.3に与える．

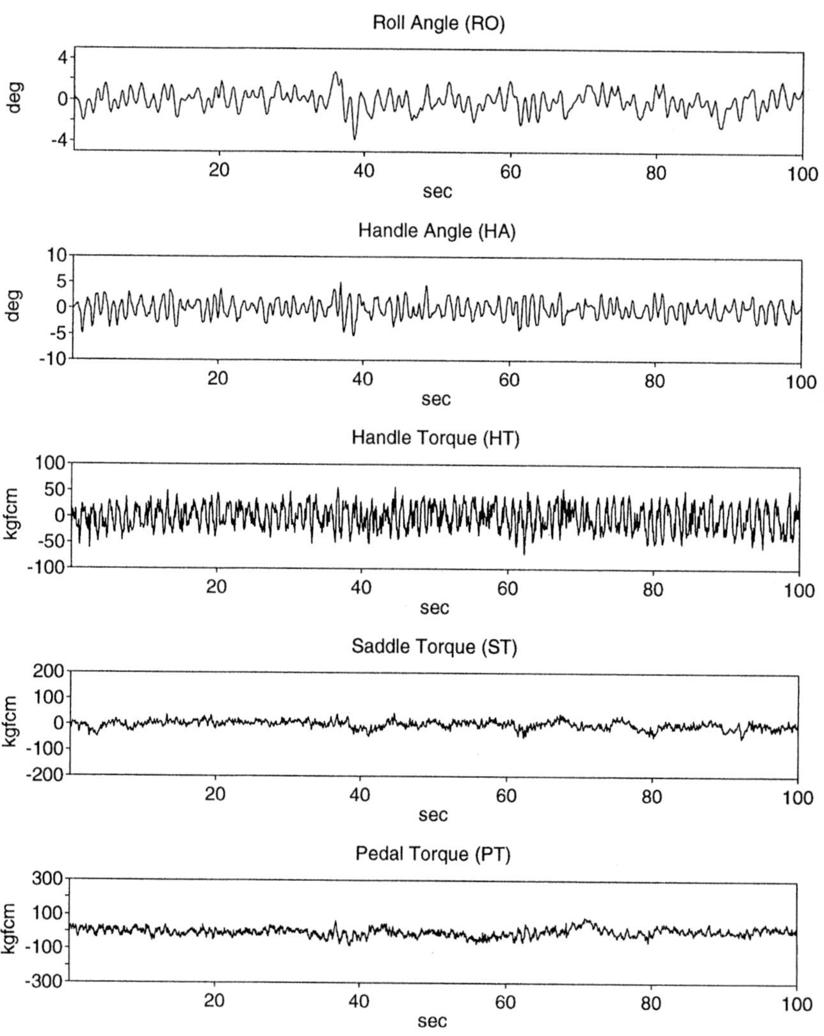

図 2.3 T 君の走行記録 (20km/h，路上)

2.3　AR モデルと ARdock

ARdock はデータに多次元 AR モデル

$$\begin{cases} \boldsymbol{x}_t &= \sum_{m=1}^{M} A_m \boldsymbol{x}_{t-m} + L\omega_t \\ \omega_t &\sim N(0, I) \end{cases} \qquad (t = \ldots, -1, 0, 1, 2, \ldots) \tag{2.1}$$

をあてはめ，その AR モデルの物理的意味を調べるための道具であり，船を検査，修理するための dock にならって ARdock と名付けられている (石黒 1989; Ishiguro 1994)．人間 dock の場合の dock の用法に同じである．TIMSAC (赤池，中川 1972) の機能を増強して対話型の処理を可能にしたものである．

表 2.4 に示すようにモデルをあてはめるには赤池らによる TIMSAC の FPEC と MULMAR の改良版が用意されている．多変数のパワースペクトルの計算，ある変数からある変数へのインパルス応答，ステップ応答も容易に求めることができる．SPEC では同時にパワー寄与率も計算される．PBP でシステムの安定性を調べることができる．システムが不安定であっても SPEC は結果を返してくるので，PBP であらかじめシステムの安定性を調べておくことは重要である．安定なシステムであっても，CUT で回路切断をほどこした場合に不安定になることがある．

CUT を他の操作と組み合わせる事によって，推定された AR 係数に手を加えてシステム内部での情報の流れを切ってみる実験が自由に出来るようになって

表 2.4　ARdock の機能

機能	コマンド	内容	コメント
モデル当てはめ	FPEC	赤池による FPEC	制御型 AR モデル
	SYST	MULMAR の改良版	システム解析用
モデルの解析	SPEC	パワースペクトル	パワー寄与率も計算
	PBP	パワー成長曲線	
	INPR	インパルス応答	
	STPR	ステップ応答	
	FRQR	周波数応答	
シミュレーション	SIML	データの生成	白色雑音または実データの残差を入力
モデルの加工	CUT	回路切断	対話型処理
	OPTC	最適制御設計	

いる．また，システムの一部を残りの部分に対する最適制御系で置きかえる機能も持っている．

2.4 解析結果

図 2.3 のデータに (2.1) 式のモデルをあてはめた結果の残差 (イノベーション) の分散共分散行列 $\Sigma\ (= LL^T)$ と相関係数の推定値を表 2.5 に示す．

HT と PT の相関係数が 0.4 ほどであるが，これも 0 とみなして Σ の対角要素のみを用いて求めた各変量のパワースペクトル $P(f)$ とパワー寄与率を図 2.4(a)–(e) に示す．

表 2.5 残差の分散共分散行列 (右上三角) と相関係数 (左下三角)

	RO	HA	HT	ST	PT
RO	0.01	0.00	0.12	−0.01	0.11
HA	0.106	0.04	0.37	0.24	0.42
HT	0.165	0.209	79.47	8.61	31.70
ST	−0.041	0.292	0.238	16.54	2.37
PT	0.153	0.234	0.394	0.065	81.26

HA，HT の 0.8Hz 付近にパワーのピークが見られる．これに対して ST と PT は低周波にパワーを持っている．RO のパワースペクトルは両者の性格を合わせ持っているように見える．パワー寄与率は ST と PT から他の変数への寄与が小さいのが特徴的である．パワースペクトル，パワー寄与率の内容をもう少し詳しく述べる．

[経路結合度と経路特性] 経路結合度表は SYST の出力であり，その経路に相当する AR の係数行列の要素を 0 に固定することによる AIC の値の上昇を表にしたものである．AR 係数の制約によるモデルのあてはまりの悪化を意味し，この値が大きいほどその AR 係数が大きな役割をもっているということになり，その経路を通じて重要な情報が流れていると考えられる．表 2.6 にデータから求めた経路結合度表を示す．この表は左端の列の変数に対する上欄の各変数の影響を示すもので，これで見ると，HA→RO に当たる 1 行 2 列成分 $A_{12m} = 0\ (m = 1, 2, \ldots, M)$ とすると AIC の値が 346.2 上昇する．この経路がシステムの中で非常に大きな役割を果たしていることが分かる．ハンドルの

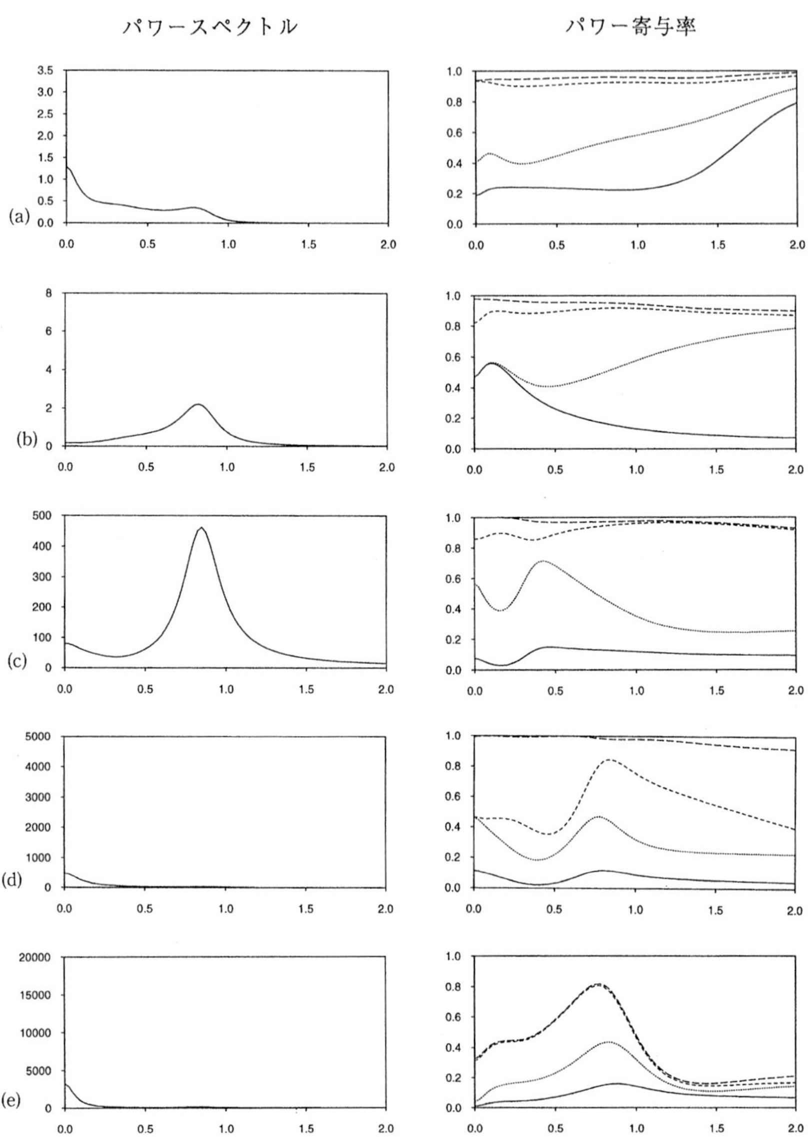

図 2.4　パワースペクトルとパワー寄与率 (a) RO，(b) HA，(c) HT，(d) ST，(e) PT

表 2.6　経路結合度

	RO	HA	HT	ST	PT
RO	–	346.2	13.5	39.1	
HA	247.4	–	309.0	66.3	63.4
HT	223.9	215.9	–		58.1
ST	2.3	301.8	262.1	–	161.2
PT	129.9	71.1	86.3	206.5	–

表 2.7　(RO に関する) 経路特性

	RO	HA	HT	ST	PT
RO	–	∞	0.8	1.0	1.0
HA	7.4	–	2.2	1.2	1.1
HT	5.6	∞	–	1.0	1.0
ST	1.0	1.0	1.2	–	1.0
PT	1.2	1.2	1.0	1.0	–

角度が自転車の傾きに影響を与えるのは当然のことである．表中で PT→RO, ST→HT の部分は空白になっているが，この部分は係数を 0 に固定することによって AIC が下降する．推定しようとするのがかえってむだな努力となるわけで，経路としては切れているとみなされる部分である．

表 2.7 に RO に関する経路特性を示す．経路特性は表 2.6 で「つながっている」と判定された経路の係数を 0 に変えた時の RO のトータルパワーの変化の倍率を表 2.6 に対応する形で表にしたものである．経路切断の影響の詳しいことはパワースペクトルの変化を見なければならないが，トータルパワーとして，そのおおよそをとらえたのがこの表である．経路結合度大であるにもかかわらず経路特性が 1 に近い経路は，ここを切断するとトータルパワーの変化は小さいが RO のパワースペクトルの形が変わる部分である．∞ は，ここを切断する事によって，RO が非定常になって，パワーとしては無限大になってしまうことを示す．

これらの表を見ると，この系において人から二輪車への影響で最大の効果を持つのが HT→HA であること，二輪車から人への情報の経路としては RO, HA→HT が最も大きな役割を果たしていて，HT を介しての，つまりハンドル

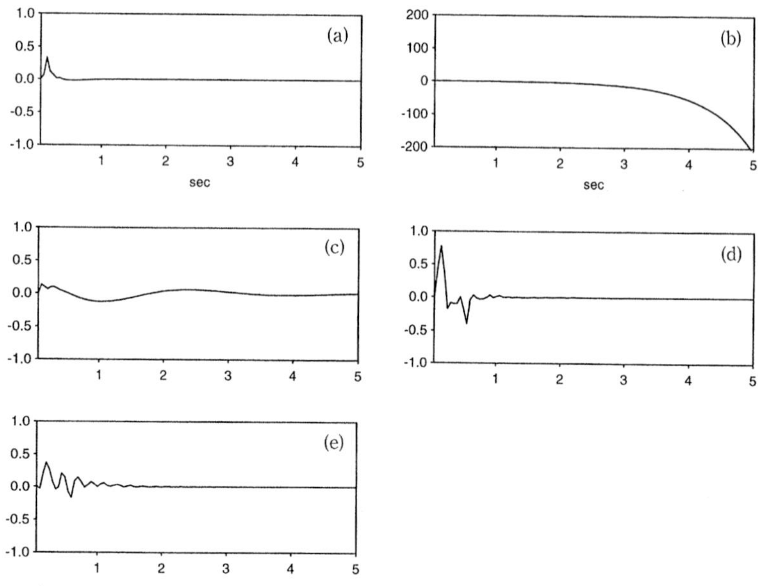

図 2.5　(a) RO⟹HA (開ループ), (b) HA⟹RO (開ループ), (c) HT⟹HA (自転車→人を切断), (d) RO⟹HT (人→自転車を切断), (e) RO⟹ST (人→自転車を切断)

操作による制御がもっとも重要な制御回路であることが明らかである.

[インパルス応答]　インパルス応答のグラフを図 2.5(a)–(e) に示す. 入出力の変動幅のちがいを考慮にいれるために表 2.3 の数値を使って, 入力値の変動の標準偏差を掛けて出力値 の変動の標準偏差で割るという「正規化」を施してある.

これらの結果から

1) 左に傾くとハンドルは左にまわる (図 2.5(a)).
2) ハンドルが左にまわると右に傾く (図 2.5(b)).
3) ハンドルを左にねじるようなインパルスが入るとハンドルがまず左に, それから右にまわる (図 2.5(c)).
4) 左に傾くと, 左→右とハンドルトルクをかける (図 2.5(d)).
5) 左に傾くと左にサドルトルクがかかる (図 2.5(e)).

ことが読み取れる．1) と 2) は自転車の各部の相互関係であり，人–自転車システムの構成要素である自転車の機械力学的特性である．3) は自転車サブシステムの制御入力に対する応答．4) と 5) は人–自転車システムにおける「人–サブシステム」の応答である．RO→HA の開ループのインパルス応答は，フィードバックがなくとも安定するというハンドル角自体の機械力学的安定 (前述の前輪系アラインメントによるもの) を表現しており，HA→RO の開ループインパルス応答はフィードバックがなければ倒れてしまうことを示している．

[パワー成長曲線] パワー成長曲線は AR モデル (2.1) 式で $\boldsymbol{x}_0, \boldsymbol{x}_{-1}, \ldots, \boldsymbol{x}_{1-M}$ をすべて 0 とおいたときの $\boldsymbol{x}_1, \boldsymbol{x}_2, \ldots$ の各成分の分散の期待値として定義される．第 k 変数のパワー成長曲線を $P^B_{kk}(t)$ という記号で表す．

$$P^B_{kk}(\infty) = \lim_{t\to\infty} P^B_{kk}(t) < \infty$$

であるときに限ってパワースペクトル $P_{kk}(f)$ が意味を持ち，

$$P^B_{kk}(\infty) = \int P_{kk}(f)\, df = \mathrm{Var}\{x_k\}$$

が成立する．全ての変数のパワー成長曲線が有限の値におさまればシステム全体が安定である．

試みに人から自転車への伝達制御を切断した時の RO のパワー成長曲線 (図 2.6 B でマークしたカーブ) が発散しないのは事実に反してこのモデルの限界を示しているといえるが，どこも切断しないときの成長曲線 (図 2.6 A でマークしたカーブ) と比べると，変動が急増していることが分かる．このときの RO のパワースペクトル (図 2.7(a)) をみると図 2.4(a) にまるで見えなかった周波数の変動が大きい．操縦者の制御で抑えてられていたものである．操縦者の応答の周波数応答関数を見てみると何か分かるかもしれない．

HT から自転車への伝達だけを残すと RO の成長曲線が図 2.6 に C でマークしたカーブに，パワースペクトルが図 2.7(b) に示すものに変わり，HT を介しての制御が RO の変動を抑えていることを示す．これに対して ST と PT から RO と HA への経路だけを残した場合，RO のパワーは発散してしまう (図 2.6 に D でマークしたカーブ)．ST と PT だけでは有効な制御になっていないことを示している．

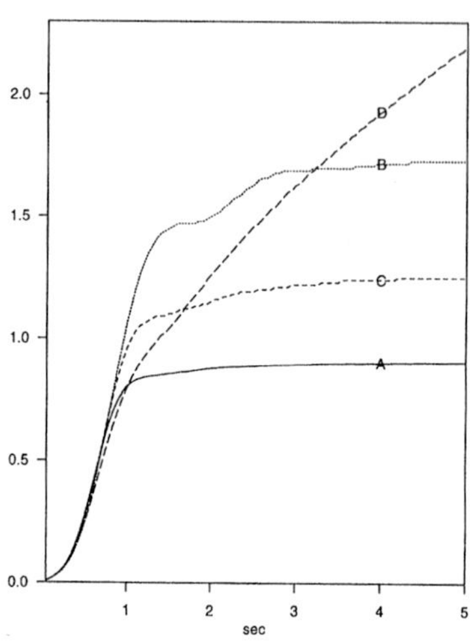

図 2.6　RO のパワー成長曲線

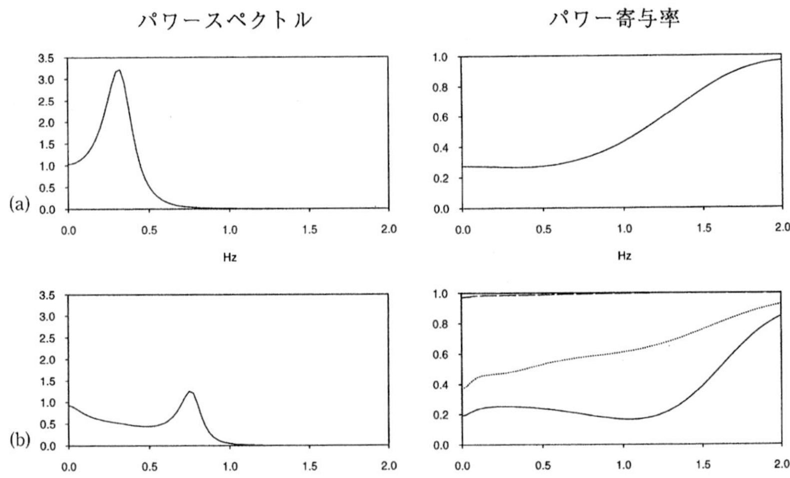

図 2.7　(a) 制御が無いときの RO のパワースペクトルとパワー寄与率，(b) HT による制御のもとにおける RO のパワースペクトルとパワー寄与率

結果をまとめると,

- 自転車が本来安定化する方向の機械力学的応答特性を備えたシステムになっていること(前輪系アラインメント)
- 安定化するための操作が主としてハンドル操作によって行われていること
- それがさらに姿勢変化による制御でおぎなわれていること

が明らかになった.

2.5 手放し運転の解析

手放し走行実験の記録を図 2.8 に示す. 室内走行である. 縦軸のスケールは図 2.3 と同じである. 当然予想されるように HT が非常に小さい以外, 全体として変動幅が大きくなっていることが明らかである (表 2.8, 図 2.9(a)–(e)). HA, ST, PT のパワースペクトルの形がよく似ているのが印象的であるが, なぜそうなるのか, 本稿を作るまでの研究では解明するに至らなかった. 通常走行ではハンドル操作と姿勢変化の 2 つの制御操作があるのに対し, 手放しでは姿勢変化のみによる単一制御操作になっているためではないかと考えられる.

表 2.8 測定値の標準偏差 (手放しの場合)

RO	HA	HT	ST	PT
1.5deg	3.1deg	0.76kgf·cm	85kgf·cm	160kgf·cm

表 2.9 残差の分散共分散行列 (右上三角) と相関係数 (左下三角)

	RO	HA	HT	ST	PT
RO	0.01	−0.01	0.0	−0.41	0.54
HA	−0.238	0.05	0.0	0.79	0.15
HT	0.0	0.0	0.48	−0.26	1.49
ST	−0.449	0.390	−0.041	83.44	−71.43
PT	0.203	0.025	0.079	−0.290	729.5

このデータにモデルをあてはめた残差の分散共分散行列と相関係数を表 2.9 に, 経路結合度表, 経路特性表を表 2.10, 表 2.11 に示す.

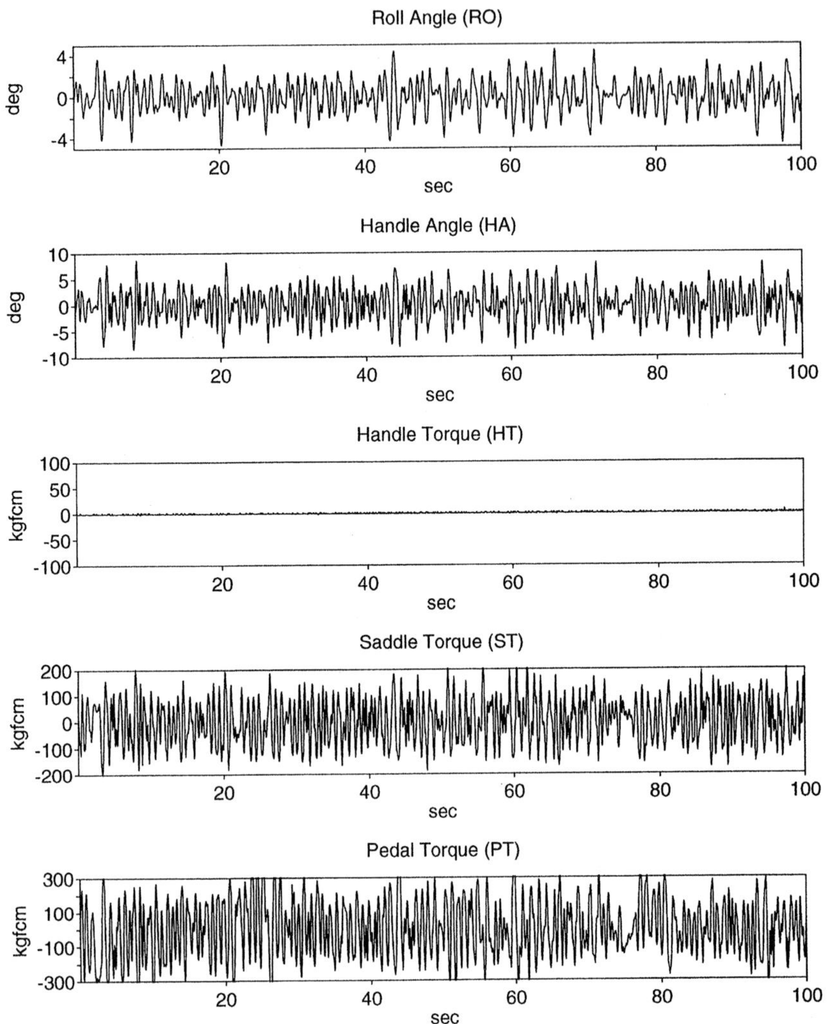

図 2.8　T 君の走行記録 (20km/h，室内，手放し)

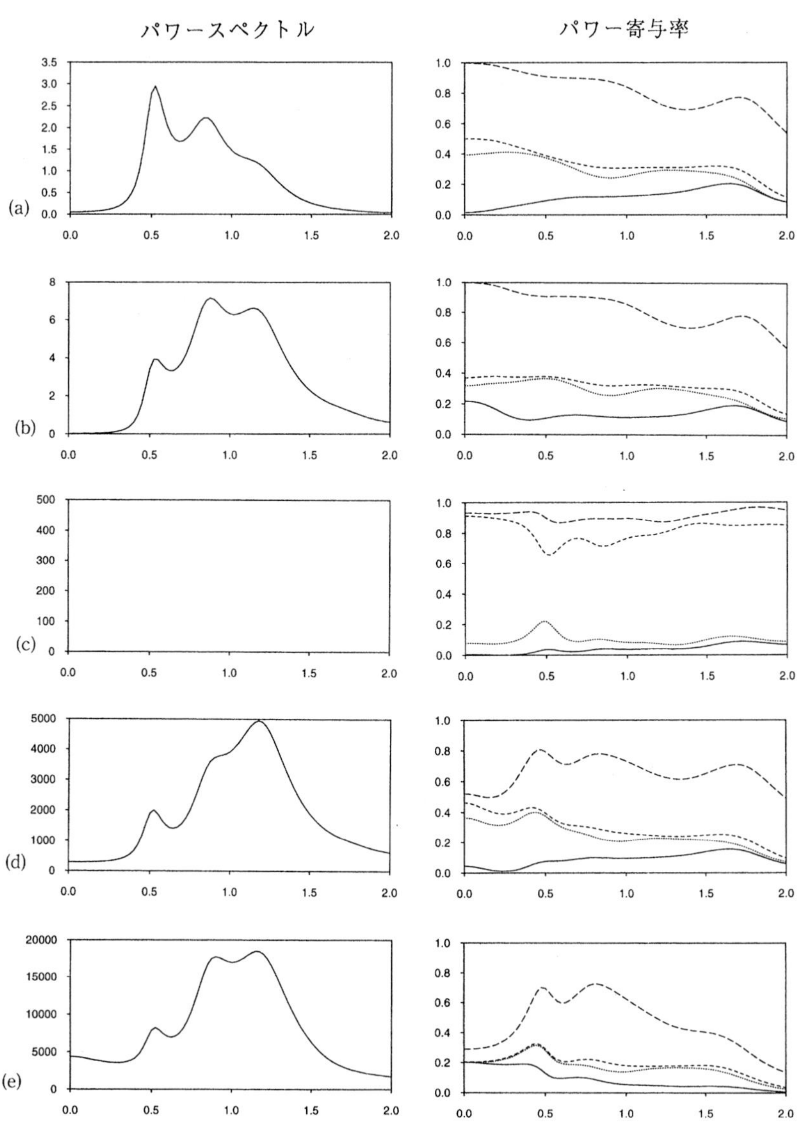

図 2.9 パワースペクトルとパワー寄与率 (a) RO, (b) HA, (c) HT, (d) ST, (e) PT

表 2.10 経路結合度 (手放しの場合)

	RO	HA	HT	ST	PT
RO	–	473.6	1.0	397.7	441.6
HA	279.7	–	37.8	773.0	638.8
HT	27.7	55.3	–	50.2	
ST	745.7	440.3	3.2	–	939.6
PT	205.3	90.1	4.7	337.5	–

表 2.11 RO に関する経路特性 (手放しの場合)

	RO	HA	HT	ST	PT
RO	–	∞	1.0	∞	0.5
HA	∞	–	1.0	∞	1.8
HT	1.2	1.4	–	0.9	1.0
ST	∞	∞	1.0	–	∞
PT	∞	18.1	1.0	∞	–

手放しの場合，当然のことながら HT→HA の経路による制御はない．姿勢変化による制御が行われていることが明らかに読みとれる．

通常走行の場合の図 2.5 に対応するインパルス応答 (図 2.10(a)–(d)) を見ると「自転車⟹ 自転車」の定性的な形が通常走行の場合と似ているのに比べて「自

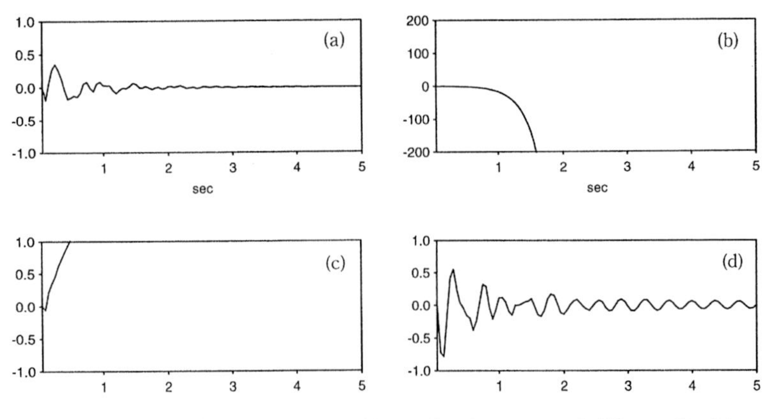

図 2.10 インパルス応答 (a) RO⟹HA (開ループ)，(b) HA⟹RO (開ループ)，(c) ST⟹RO (自転車→人を切断)，(d) RO⟹ST (人→自転車を切断)

転車 $\Longrightarrow$ 操縦者」のパターンが違うのがよくわかる．RO$\Longrightarrow$ST を見ると，左に傾いたときに右に ST をかけて次に左にかけるという，ハンドルを使う通常走行の際には見られなかった動作が見られる．これはハンドルを急速に左にまわそうとして上体を右に傾けるという制御動作 (前輪系アラインメントによる自然的なハンドル回転機構の利用) を示している．

2.6 最適制御

図 2.3 のデータにあてはめたモデルを利用して最適制御を設計してみた．時刻 t における RO，HA の値を $\boldsymbol{y}_t$，HT，ST，PT の値を $\boldsymbol{w}_t$ として，システムの方程式を書くと

$$\begin{bmatrix} \boldsymbol{y}_t \\ \boldsymbol{w}_t \end{bmatrix} = \sum_{m=1}^{M} \begin{bmatrix} A_m^{yy} & A_m^{yw} \\ A_m^{wy} & A_m^{ww} \end{bmatrix} \begin{bmatrix} \boldsymbol{y}_{t-m} \\ \boldsymbol{w}_{t-m} \end{bmatrix} + \begin{bmatrix} \zeta_t \\ \eta_t \end{bmatrix} \tag{2.2}$$

となる．この式から，$\boldsymbol{w}_{t-1}, \boldsymbol{w}_{t-2}, \ldots$ から $\boldsymbol{y}_t$ への影響を調べることができるが，これを利用して重み $q_1, q_2, \ldots$ と $r_1, r_2, \ldots$ で定義される

$$J = \sum_{k}^{K_y} q_k E\{y_{kt}^2\} + \sum_{k}^{K_w} r_k E\{w_{k(t-1)}^2\} \tag{2.3}$$

を最小化するように $\boldsymbol{w}_t$ を決めるようにすることができる．ここで y_{kt} と $w_{k(t-1)}$ はそれぞれ $\boldsymbol{y}_t$ と $\boldsymbol{w}_{(t-1)}$ の第 k 成分，K_y と K_w は $\boldsymbol{y}_t$ と $\boldsymbol{w}_{(t-1)}$ の次元である．計算してみると，この制御のもとでのシステム全体の振舞が，

$$\begin{bmatrix} \boldsymbol{y}_t \\ \boldsymbol{w}_t \end{bmatrix} = \sum_{m=1}^{M} \begin{bmatrix} A_m^{yy} & A_m^{yw} \\ \tilde{A}_m^{wy} & \tilde{A}_m^{ww} \end{bmatrix} \begin{bmatrix} \boldsymbol{y}_{t-m} \\ \boldsymbol{w}_{t-m} \end{bmatrix} + \begin{bmatrix} \zeta_t \\ G_1\zeta_t \end{bmatrix} \tag{2.4}$$

という形で記述されることが分かる．G_1 と

$$(\tilde{A}_m^{wy}, \tilde{A}_m^{ww}) \quad (m = 1, \ldots, M)$$

は (A_m^{yy}, A_m^{yw}) $(m = 1, \ldots, M)$ と $q_1, q_2, \ldots, q_{K_y}$，$r_1, r_2 \ldots, q_{K_w}$ に依存して決まる行列である．(2.3) 式の重み係数として，表 2.3 に示す各変数の標準偏差の 2 乗の逆数に近い数値 (表 2.12) を使って設計した「最適制御–I」のインパルス応答 (図 2.11(a)–(b)) を見ると，ほぼ図 2.5(d) と図 2.5(e) の実測されたものと似た振舞を示している．

表 2.12 標準的な重み係数

RO	HA	HT	ST	PT
1.0	0.4	0.002	0.005	0.002

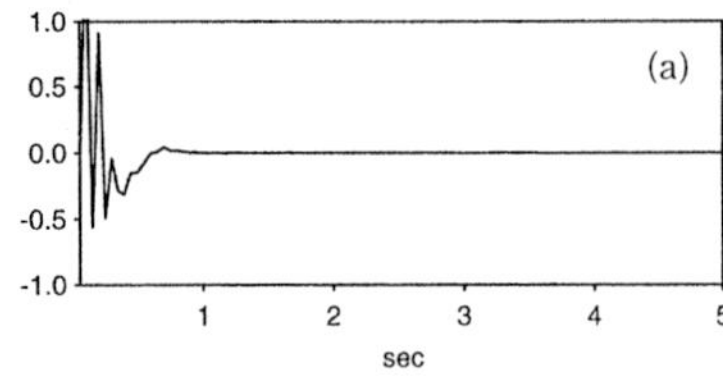

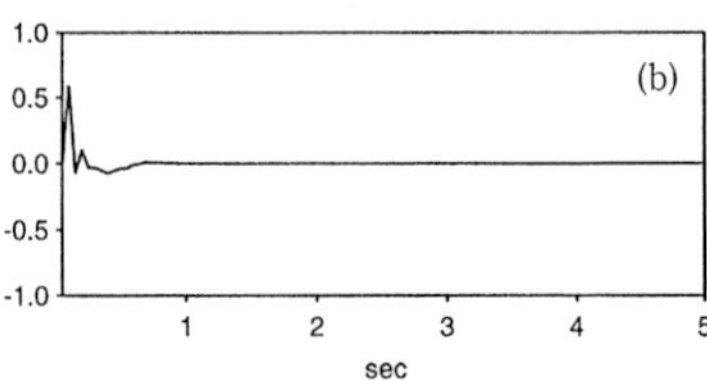

図 2.11 「最適制御–I」のインパルス応答 (a) RO⟹HT，(b) RO⟹ST

表 2.13 重み係数–II

RO	HA	HT	ST	PT
1.0	0.4	100.0	0.001	0.001

これに対して表2.13に示すようにHTの変動に対するペナルティを大きくした重み係数–IIによる「最適制御–II」の応答(RO⟹ST，図2.12)が手放し運転の実測値の解析で得られたもの(図2.10(d))に似て，左に傾いたときに右への大きなSTを示すという動作をするのが見られる．

この簡単な例が示すように，最適制御を設計する際の重み係数のとりかたで異なるインパルス応答が得られる．システムの一部を構成する「人」が何らかの意味で最適制御を行っているという仮定のもとに，その制御設計のパラメータを推定する方法で「人」が何を「意図」しているかを推し量ることもある程度はできるのではないかと思われる．今後の課題としたい．

[石黒 真木夫・大矢 多喜雄]

ここで報告した研究の一部は統計数理研究所の特定研究費「データ解析支援システムの開発」と科研費「海外学術研究」によるものである．計算は統計数理研究所の統計計算システムで行われた．ARdockに関しては，その詳しい説明とあわせてソースリストを別に発表する予定である．

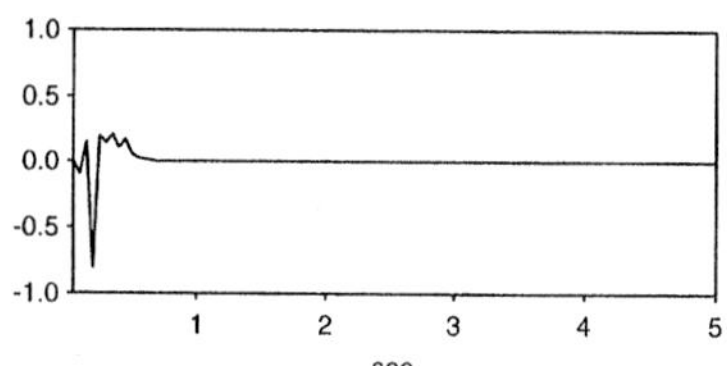

図 2.12 「最適制御-II」のインパルス応答 RO⟹ST

文 献

赤池弘次, 中川東一郎 (1972), ダイナミックシステムの統計的解析と制御, サイエンス社.

Aoki, A. (1979), "Experimental study on motorcycle steering performance," *SAE Paper*, 790265.

長谷川 晃 (1978), 二輪車の運動特性, 自動車技術, Vol. 32, No. 4, 300–305.

服部四士主, 林 博明, 武藤慎一, 高橋義信, 井上重則 (1975), 自転車の諸寸法と操縦性, 自転車産業振興協会・技術研究所報告, No. 5, 15–24.

井口雅一, 藤岡健彦, 原 宏 (1986), 前後輪操舵二輪車の操安性についての基礎的研究, 自動車技術会論文集, No. 32, 106–112.

石黒真木夫 (1989), 多次元 AR モデルによるシステム解析, OR 学会誌, Vol. 34, No. 10, 547–554.

Ishiguro, M. (1994), "System analysis and seasonal adjustment through model fitting," *Proceedings of The First US/Japan Conference on the Frontiers of Statistical, Modeling: An Informational Approach*, Bozdogan, H. (ed.), Kluwer, Netherland, 79–91.

影山一郎, 向後明彦 (1984), 二輪車のハンドル系における人間の要素, 日本機械学会論文集 C 編, Vol. 50, No. 458, 129–136.

片山 硬, 西見智雄, 青木 章 (1987), ライダの振動特性の測定, 自動車技術会論文集, No. 35, 147–153.

永井正夫 (1986), 低速時における二輪車の走行制御, 自動車技術会論文集, No. 32, 113–118.

大矢多喜雄, 石黒真木夫, 荻野久史, 平山和彦 (1991), 二輪車走行における安定制御回路の同定, 日本機械学会論文集 C 編, Vol. 57, No. 535, 202–207.

尾崎 統 編 (1988), 時系列論, 放送大学教育振興会.

塚田幸男, 大矢多喜雄 (1981), 自転車の安定要因寸法に関する研究, 設計製図, Vol. 16, No. 88, 24–31.

横森 求, 樋口健治, 大矢多喜雄 (1991), 低速直進走行時のオートバイのライダによる操作特性, 日本機械学会論文集 C 編, Vol. 57, No. 540, 129–134.

Zellner, J. W. & Weir, D. H. (1979), "Moped directional dynamics and handling qualities," *SAE Paper*, 790260.

3

自動車振動データの解析

3.1 まえがき

自動車の走行する路面は通常不規則な凹凸がありこれが自動車の上下振動の主な入力となる．これは自動車車体，サスペンション，車軸などに作用し，部材の耐久性や乗員の乗心地を左右する大きな要素となる．

自動車の振動に対して不規則データ処理の考え方が用いられてから久しい．強度・耐久性については，応力頻度解析がペンレコーダの記録をディバイダーで拾って読み取る時代から行われていたが，電子機器の発達に伴ってこれが自動的に処理されるようになった．他方振動や応力の周波数特性を調べるスペクトル解析も1960年頃から盛んに行われるようになり，特にFFT機器の普及に伴ってこれが開発部門の日常業務のひとつとなった．

路面凹凸を測定し，標準的な特性を表すための多くのデータが集められISO/DIS 8608 Mechanical Vibration-Road Surface Profiles-Reporting Measured Dataとしてまとめられている．これを入力として部材疲労や乗員の乗心地が評価される．処理方法としてはその手軽さから多くの場合FFTが用いられる．

路面凹凸の値が走行中オンラインで精度よく得られるかどうかはまだ問題があるが，走行中の自動車各部の加速度や応力(あるいは力)の間の周波数応答関数の解析はしばしば行われている．変動量の間にフィードバックがある場合にはパワー寄与率の手法も用いられる．系の中に人間が入っている場合にはその特性の時間的な変化を考慮して，短時間のデータに対して自己回帰による時間領域モデルがしばしば適用される．人間を対象とする場合以外でも時間的に変化するデータに対して時間領域モデルが用いられることがある．

そのほかデータ特性の連続性の判定，非線形振動系の同定などの研究例があり，これらを含めて以下に事例を紹介する．

3.2 路面入力—部材疲労，乗心地

路面からの入力に対するスペクトル解析では，周波数範囲は 50Hz 以下で済むことが多く，その場合にはサンプル時間間隔は 0.01s 程度とする．処理データ点数 1000〜2000 点，10〜20 秒間のデータを用い，相関関数のフーリエ変換によってスペクトルを求める方法であれば，相関関数の最大遅れを 100 点くらいにとり，平滑化のためのハニングウィンドウ (補遺参照) を用いる．FFT 法なら周波数成分について，20 点くらいの平均化を行えばよい．これで実用上十分なスペクトル解析の結果が得られることが多い．パワースペクトルの特性が経験的に十分確認されていない場合，あるいは観測長の短いデータに対しては自己回帰モデルのあてはめによる AR 法をも用いる方がよい．処理されるデータに対しては，事前に平均値・トレンドの除去，定常性，ガウス性の検討等が行われる．

定常かつ正規的なデータであれば，S. O. Rice の式 (Rice 1944) によりパワースペクトルから極値頻度を求めることができ，これにより疲労被害の評価が可能になる．しかしパワースペクトルのわかっているテスト路面を走行する車両部材の疲労寿命の絶対値を予測できるかという問題になると，まずランダム応力による疲労寿命の算定とか，部材強度のばらつきとか，更に路面に対する部材応力応答の線形性とかいう障害に突き当たり，予測結果に過大な期待を掛けることは無理である．実際に出会う問題としては，たとえば耐久試験で破損した部材に対して改善を行い，振動のパワースペクトルを変化させた場合，どの程度の寿命延長が期待できるかというような相対評価はある程度可能であろう (山川 1973)．図 3.1 は実測の応力パワースペクトルの例であるが，いくつかのピークがみられる．このときなんらかの系の特性変更によって，点線で示したようにピークの値を半減する (振幅値で 70%程度に下げる) ことができたら，どの程度寿命の延長が期待できるかの見積りを行った例を表 3.1 に示す．σ^2 は応力

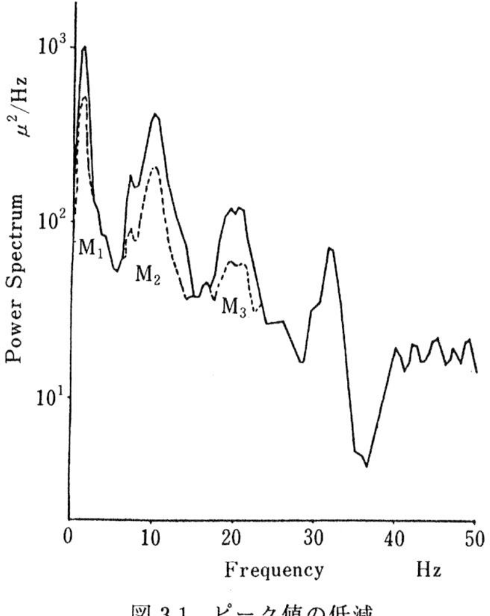

図 3.1 ピーク値の低減

表 3.1 疲労指標の低減

	原データ (0)	M1	M2	M3
修正内容	—	0～2.5Hz の成分を半減	6～14Hz の成分を半減	18～23.5Hz の成分を半減
σ^2	9127	7718	7510	8624
$(\sigma/\sigma_0)^2$	1.00	0.85	0.82	0.94
F.G.N.	9.50	6.19	5.62	7.92
$(\text{F.G.N.})_0/(\text{F.G.N.})$	1.00	1.54	1.69	1.14

の分散を，$(\sigma/\sigma_0)^2$ は実測値に対する比率を示す．また疲労指標 (Fatigue Guide Number: F.G.N.) は Rice の式により得られた極値頻度に対して累積疲労被害則 (いわゆるマイナー則) を適用して得られる疲労被害度の相対値であり，寿命延長の期待値は表の最下段に示す基準値との逆比 $(\text{F.G.N.})_0/(\text{F.G.N.})$ で与えられる．

線形系においては，入力パワースペクトルと周波数応答関数の 2 乗との積により出力パワースペクトルが得られるから，これにより出力の特性について評価を行うことができる．乗心地の場合，人体系の応答が厳密に線形的でなくとも，等価線形化などの手法を使って得られる近似的な線形特性を用いて出力を

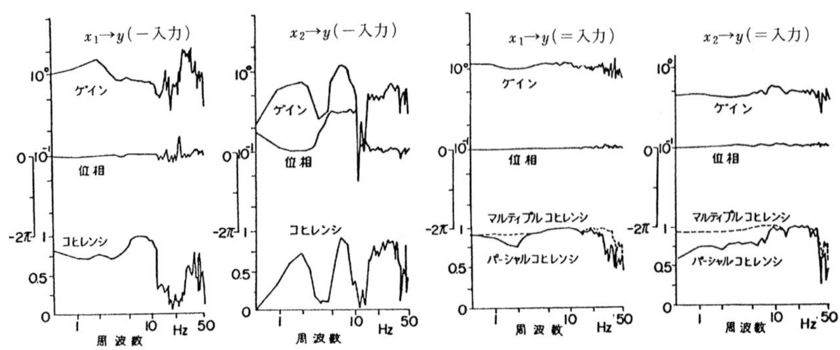

図 3.2 多入力の解析結果例 左は 1 入力系として推定した場合，右は 2 入力系として推定した場合

評価しても大きな誤りを犯すことはない．

入力と出力の記録からクロススペクトルを介して周波数応答を求める手法は，自動車の開発段階においてしばしば用いられる．入力として複数のものを考える必要がある場合も多い．本来多入力系であるものを 1 入力系と考えて扱うことにより誤った結論を引き出す可能性のあるデータの例を示す (山川 1973)．図 3.2 は自動車のスティアリング系の左右輪をつなぐリンク等，複数のリンク各部の応力をそれぞれ入出力として扱った例である．スティアリング系には左輪，右輪からの入力，さらに一般にはハンドルからの操舵力が加わるため 1 入力系として扱うことには問題がある．図 3.2 左は x_1 および x_2 を単独の入力として処理した結果である．入出力間の相関度を示すコヒーレンス関数の値も部分的に高く，周波数応答関数のゲイン，位相が意味ありげな変動をしている．しかし，2 入力として扱った図 3.2 右の結果が示すように，実際は単純に力を比例伝達しているだけである．

クロススペクトルを用いて周波数応答関数を推定すると，対象が非線形系でも，等価線形化に相当する結果が得られ，用途によっては十分線形近似の目的が達せられる．図 3.3 は飽和特性を持った非線形系での数値シミュレーションから得られた周波数応答関数と等価線形化により得られた結果とを比較して示す (Yamakawa 1971)．20Hz 以下の領域でよい対応を見せている．ただし等価ゲインは，パワースペクトルから得られる分散の値を用いて繰り返し修正することにより求めている．

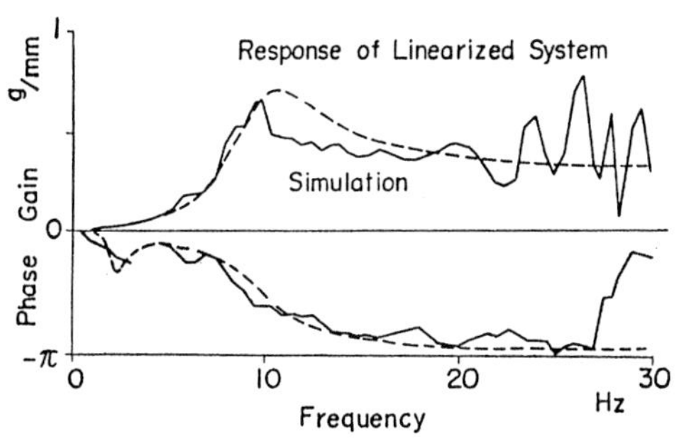

図 3.3 等価線形化系の応答

3.3 パワー寄与率による多入力関連成分の分離

自動車の開発過程においては，相関のある複数の不規則系列を入力とする多入力系の解析が特に重要な課題となることが多い．たとえば悪路走行時の部材応力について，これがどの部分あるいはどの方向の振動からの影響を受けているかを解明し，どの点に注目して軽減対策を行うべきかの指針を求めるような場合に，このような解析が必要である．

時系列解析プログラムパッケージ TIMSAC のパワー寄与率による解析は，このような場合に出力パワーがどの入力成分と関係が深いかを解析するという目的に対し直接的な解答を与える．また，フィードバックが存在して入出力間の情報の流れが必ずしも 1 方向とは考え難い場合にも，有効な方法である (赤池，中川 1972)．

大型トラック，特に V 型エンジン搭載車の排気管は複雑な形状となることが多い．試作時に強度不足が指摘されると，排気管あるいはサポート部の形状変更などの対策がとられるが，どこに注目して対策を行うべきかは直観的には判断がつきかねることがある (山川 1983)．

図 3.4 に牽引で行った悪路走行試験による排気管応力のパワースペクトルを示す．5，6，17.5，20.5Hz 付近にそれぞれ明瞭なピークの存在が認められる．この例の場合，これらのピークがどの部分の振動に基づくものであるかを検討するため，排気管各部に加速度計を取付けて応力と同時計測を行い，まず通常の周波数応答，コヒーレンス解析の方法で処理した．

対象としたトラックの排気管は途中に 1 個のサイレンサ (消音器) を持ち，こ

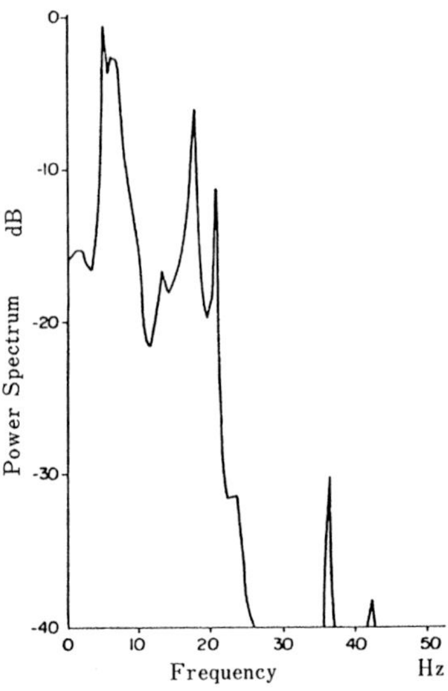

図 3.4 排気管応力のパワースペクトル

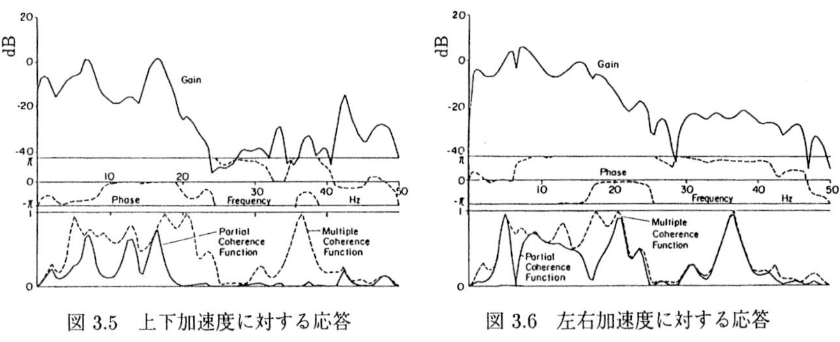

図 3.5 上下加速度に対する応答

図 3.6 左右加速度に対する応答

のサイレンサのサポートを含めて数個のサポートによりフレームに保持されている．排気管前部の上下および左右加速度を二つの入力とし，応力を出力とした周波数応答関数およびコヒーレンス関数の計算結果を図 3.5 および図 3.6 に示す．

パーシャルコヒーレンス関数をみると，応力のピークのうち 5Hz および 20.5Hz は左右加速度と関連が深く，6Hz のピークは上下加速度と関連があるものと考えられる．17.5Hz では上下の影響が大きいが，この結果だけからは排気管マウ

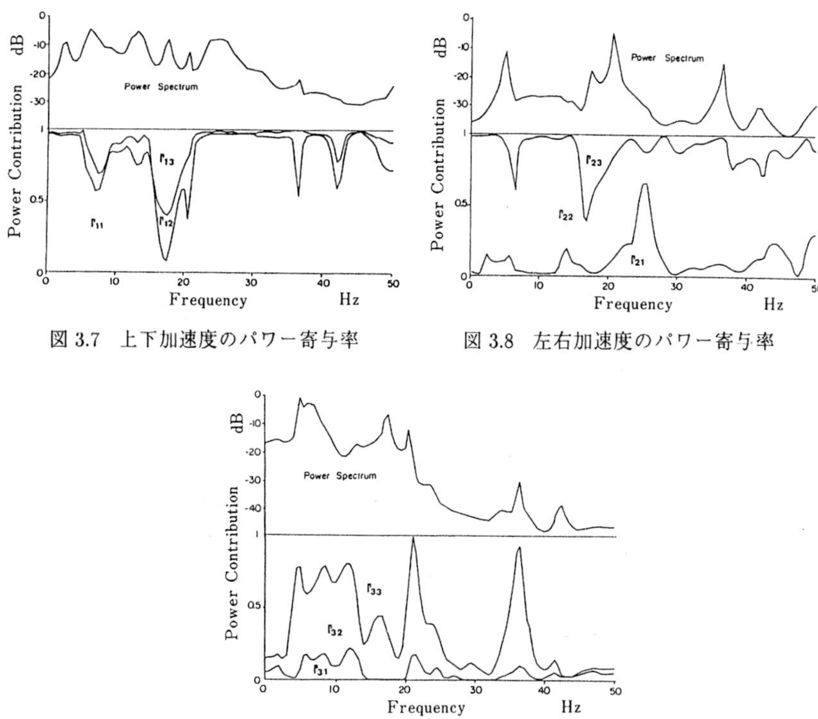

図 3.7　上下加速度のパワー寄与率

図 3.8　左右加速度のパワー寄与率

図 3.9　応力のパワー寄与率

ンティングのいずれの方向に重点を置いて変更すべきかは決定しがたい．また，ここでは前記のように入出力を定めて解析を行ったが，測定された加速度と応力の間の関係は1方向の因果関係とは限らないので，むしろパワー寄与率の方がより有効な情報を与えることが期待される．

図 3.7～図 3.9 に上下，左右 2 方向の加速度および応力についてパワースペクトルとそれぞれのパワー寄与率 r_{ij} を示す．これは x_i のパワースペクトルの中で x_j 固有の成分に起因する部分の占める比率であり，縦座標の長さの和が 1 となるように表示されている．規準化された固有ノイズの共分散行列を表 3.2 に示す．対角成分が大きく固有ノイズ成分が十分に分離されていると考えられる．

応力のパワースペクトルの 4 つのピークにおけるコヒーレンス関数およびパワー寄与率 r_{3j} の値を表 3.3 に示す．これらの図および表から，応力のパワース

表 3.2 固有ノイズの共分散行列

1	−0.0122	−0.0193
−0.0122	1	−0.1887
−0.0193	−0.1887	1

表 3.3 コヒーレンス関数パワー寄与率

	Hz	5	6	17.5	20.5
コヒーレンス関数	$\gamma_{31.2}^2$	.305	.500	.326	.025
	$\gamma_{32.1}^2$	.951	.289	.213	.901
	γ_0^2	.954	.745	.972	.986
パワー寄与率	r_{31}	.080	.180	.008	.105
	r_{32}	.694	.411	.315	.667
	r_{33}	.226	.409	.667	.228

ペクトルの主要なピークに対する上下および左右加速度の影響をまとめてみると，5〜7Hz の部分と 20.5Hz の近傍では左右加速度の寄与分が大きい．17.5Hz のピーク部分は応力固有のパワー寄与率が高く，測定されている両加速度成分よりも強い影響力を持った量の存在を示唆しているものと考えられる．

このように，パワー寄与率解析によりコヒーレンス関数の解析では把握できなかった左右振動の優位性が明白となり，排気管のブラケット部の特性変更などにより耐久性の向上が期待できることが明らかになった．

3.4 データ特性の連続性判定

自動車の悪路走行結果の解析において，ある区間が同じような路面とみなせるかどうかが一つの問題であり，それによってデータの扱い方が異なる．同一とみなせる区間が長いほど，解析結果の精度が増すことになり望ましいが，本来違った性質のものを無理に一緒にするとそのための誤差が避け難くなる．

この場合，局所定常の考え方 (Ozaki and Tong 1975) を適用して，データの特性の連続性の判定を試みることにした．すなわち大局的には非定常な過程を局所的に定常な種々の過程の連なりとみなし，自己回帰モデルを利用して，一定のモデルが最小な AIC を与える範囲を定常とみなすという手法が適用できる．具体的には，全データをあらかじめ定めた長さのブロックに分割しておいて，隣接する二つのブロックを結合するか否かをAICによって判定する．

まず初めの N_0 個のブロックの部分について情報量規準AICにより最適な自己回帰モデルを決定する．続いて次の N_2 個を合わせた N_1 個のデータについてAIC規準により最適な自己回帰モデルを決定する．別に新しいデータ N_2 個のみについて同様の計算を行い，$N_1 = N_0 + N_2$ 個の拡張モデルと，N_0 個と N_2 個とに分離したモデルのAICを比較する．V_{e0}，V_{e1}，V_{e2} をそれぞれの残差の分散の推定値，p_0，p_1，p_2 をそれぞれのモデル次数とし

$$\begin{aligned} \mathrm{AIC}_2 &= N_0 \log V_{e0} + N_2 \log V_{e2} + 2(p_0 + p_2 + 4) \\ \mathrm{AIC}_1 &= N_1 \log V_{e1} + 2(p_1 + 2) \end{aligned}$$

を求める．このとき

$$\mathrm{DAIC} = \mathrm{AIC}_2 - \mathrm{AIC}_1$$

の正負により以下のように新しいモデルを選択する．

$$\begin{aligned} &\mathrm{DAIC} \geq 0: \text{拡張モデルを採用する} \\ &\mathrm{DAIC} < 0: \text{分離モデルを採用する} \end{aligned}$$

次のステップは今採用した新しいモデルの N_1 個または N_2 個のデータを新しい N_0 個のデータとして，次のブロックのデータに対して同じアルゴリズムにより計算を行い次々と最後のブロックに至るまで繰り返す．

表3.4は自動車の実走行データについての解析例である(山川 1985)．#1～#5ではそれぞれ3ブロックに分けられたデータがすべてひとつのモデルにより統合されている．これらの場合の路面Aは，耐久試験用の特殊舗装路，いわゆるベルジアン路であり，統計的性質は全長にわたりほぼ一様とみなされる．

#6～#9も同じく固定路面におけるデータであり，後の1/3くらいはほぼAと同じ性質の路面であるが，前の2/3くらいは異なる路面Bである．#6ではブロック2と3との間でDAICが僅かに正となり，変化が検出されていないが，#7および#9ではデータの発生機構の変化が検知されている．#8は#7の後の2/3だけを採ったもので，この場合にも同様に分離モデルを採用している．

この方法の感度を調べるために，#2のデータを加工してデータの振幅が次

表 3.4 DAIC とモデル次数

データ番号#	仕様	データ全点数	ブロックデータ数	DAIC		モデル次数		
				1～2	2～3	M1	M2	M3
1	路面 A	2880	960	35	43	34	36	34
2	路面 A	1440	480	27	22	9	12	12
3	路面 A	1440	480	11	10	10	25	27
4	路面 A	1440	480	15	29	12	16	16
5	路面 A	1440	480	46	14	14	19	19
6	路面 B+A	1440	480	31	6	13	21	46
7	路面 B+A	1440	480	45	−79	15	35	39
8	路面 B/2+A	960	480	–	−66	–	27	39
9	路面 B+A	1440	480	8	−12	15	23	25

第に減少して最後に初めの 1/2 になるようにして適用してみると，ブロック 2 と 3 との間で変化を検知する．

図 3.10 に示す非舗装路走行時のデータを 4 分割して解析してみると後の 2 つのブロックのみが同一モデルで表現される．図 3.11 は各ブロックのパワースペクトルである．パワースペクトルの形状すなわちピークの位置や相対的な大きさなどは 4 つのブロックの間であまり変わらない．しかし (1) は全体的にレベルが低く，(2) は (3) および (4) と比べると，7Hz 以下でのレベルが低い．分散の相対的な値は (1) 49，(2) 123，(3) 158，(4) 157 となっている．この結果から考えると，この場合，ブロック全体の 2 乗平均的な性質が，ブロック間の結合，分離の決定に作用しているようである．

この局所定常過程の応用によるデータ処理は非定常データの取扱いについての一歩前進であるが，その改良を含めての広い実用化は今後の研究に待ちたい．

3.5 バイスペクトルによる非線形振動系の同定

自動車が悪路を走行する際，タイヤが路面から離れることがしばしば起こる．特にトラックの空車では，タイヤのばね定数が積載時に対応した値となっているため，この状態が出現しやすい．その時の車軸の振動加速度波形は著しく上下非対称的である．力学的には，通常走行時には図 3.12 左のような線形系で表されるが，空車時には右のようなタイヤばねの片側飽和復元力を持つ非線形系

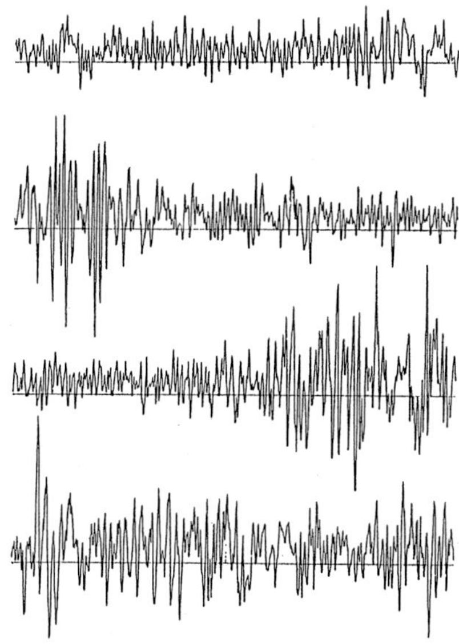

図 3.10 非舗装路走行時の時系列記録

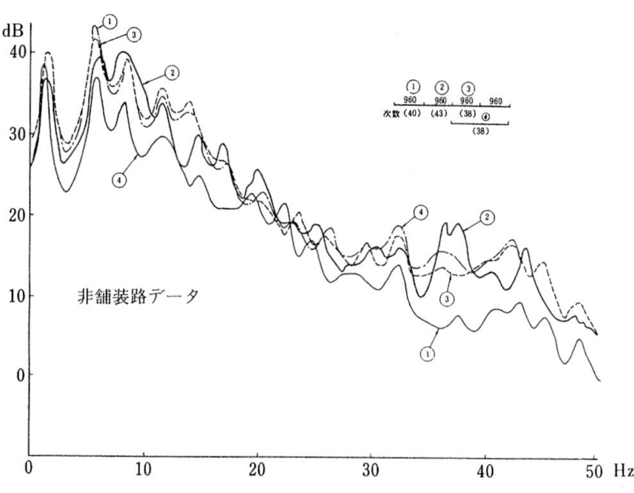

図 3.11 4つのブロックのパワースペクトル

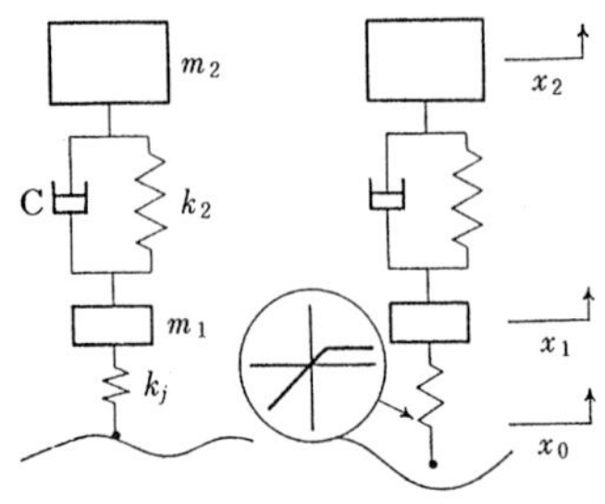

図 3.12　力学モデル

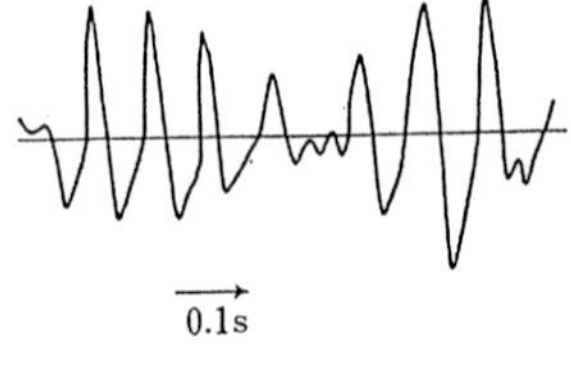

図 3.13　実走行時の加速度波形

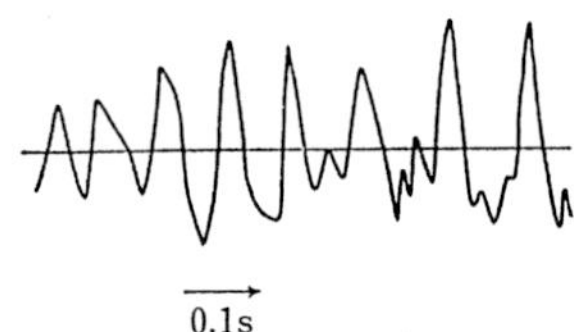

図 3.14　シミュレーション波形

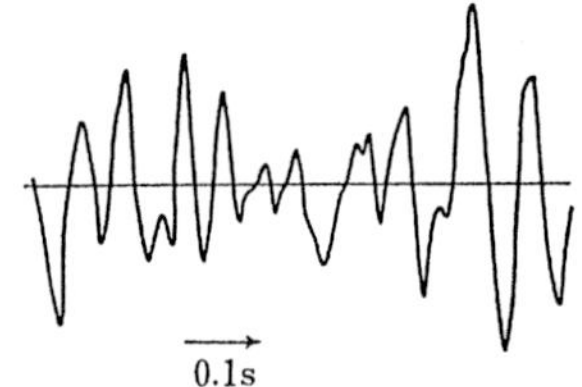

図 3.15　ガウス性波形

になると考えられる (山川 1975).

走行時に実際の自動車がそのような状態になっているかどうかを確認するために，図 3.12 のモデルに対して数値シミュレーションを行い，実走行によって得られたものと波形を比較した．実走行による波形を図 3.13 に，シミュレーションによる波形を図 3.14 に示す．またタイヤのばね定数を対応する振動数に合わせた線形系に対するシミュレーション波形を図 3.15 に示す．この研究の直接の目的は，自動車の開発時の電気油圧式疲れ試験機の車軸加速度入力信号を，数値シミュレーションによって作り出すことにあった．

実走行時の車軸加速度信号記録は容易に得られるが，対応する入力である路面凹凸の瞬時値は簡単には得られない．そこでここでは車軸加速度の実走行時データとシミュレーションデータにおけるバイスペクトルの比較によって非線形特性の同定を試みることとした．

バイスペクトルの計算には，3 次の相関関数を 2 重フーリエ変換する方法と，直接フーリエ変換してその 3 次の積をとる方法が考えられるが，ここでは前者

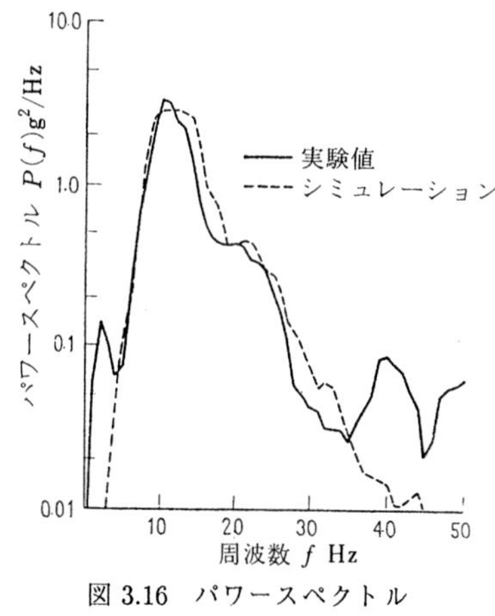

図 3.16 パワースペクトル

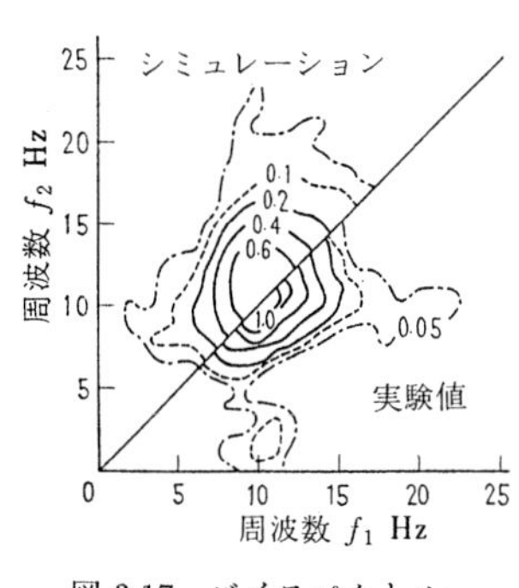

図 3.17 バイスペクトル

の方法をとった．x_t の 3 次相関関数 $C(\tau_1, \tau_2)$ およびバイスペクトル $B(f_1, f_2)$ は次式で与えられる．

$$C(\tau_1, \tau_2) = \frac{1}{N} \sum_{t=t_0}^{N} x_t x_{t+\tau_1} x_{t+\tau_2}$$

$$B(f_1, f_2) = \sum_{\tau_1=1-N}^{N-1} \sum_{\tau_2=1-N}^{N-1} C(\tau_1, \tau_2) \exp\{-i2\pi(f_1\tau_1 + f_2\tau_2)\}$$

ただし，$t_0 = \max(1, \tau_1, \tau_2)$ である．上式で得られたバイスペクトルの粗い推定値に対して 3 方向にハニングウインドウを掛ける方法により精度のよい推定値が得られる．

図 3.16 に実験値およびシミュレーション結果のパワースペクトルの比較を示す．なおサンプル時間間隔 0.01 秒，データ点数 1440 点とし，ハニングウインドウを用いている．今問題としている 10Hz およびその 2 倍高調波である 20Hz 付近では両者の値はほぼ等しい．

バイスペクトルの値は対称性をもち，360°の範囲で 6 回の繰り返し (対称値) となっているので，図 3.17 に 45°の範囲での実験値とシミュレーション結果が示されている．バイスペクトルの絶対値の大きい部分は本来構成成分のパワースペクトルの大きい個所であり，ここで本当に構成成分の間に位相関係があってバイスペクトルの値が大きくなっているのか，大きい構成成分の誤差が大きくなって現れているのかは，この絶対値だけでは分からない．

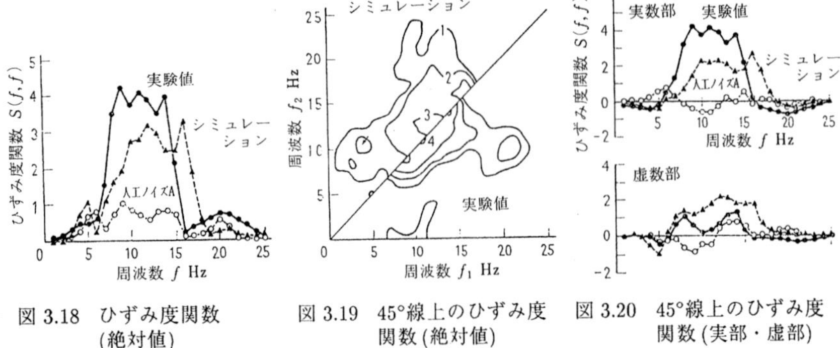

図 3.18　ひずみ度関数(絶対値)

図 3.19　45°線上のひずみ度関数(絶対値)

図 3.20　45°線上のひずみ度関数(実部・虚部)

そこでバイスペクトルをその構成成分のパワーで割って規準化し，構成成分間における位相関係の有無の度合を示す尺度として次のものを採用する．

$$S(f_1, f_2) = k\frac{B(f_1, f_2)}{\{p(f_1)p(f_2)p(f_1+f_2)\}^{1/2}}$$

ここで定数 k として 1 をとれば通常の規準化されたバイスペクトルとなるが，ここではバイスペクトルの 2 乗平均誤差 $E|B(f_1, f_2)|^2$ が

$$E|B(f_1, f_2)|^2 \doteq \frac{h^2}{T}\{p(f_1)p(f_2)p(f_1+f_2)\}^{1/2}$$

で与えられること(赤池 1964)から，T をデータの長さ，h を相関関数の最大遅れとすると $k=T^{1/2}/h$ (単位は $s^{-1/2}$) ととれば 2 乗平均誤差の平方根で規準化された値となる．従って誤差と比較してどのような意味を持っているかを直接示すものとなる．いまこの $S(f_1, f_2)$ をひずみ度関数と名付けておく．

図 3.18 はひずみ度関数の絶対値を示す．図 3.19 は 1 次と 2 次成分の間の関係を示す 45°線上の値である．図中の人工ノイズ A は実験値と同じパワースペクトルを持ったガウス性ノイズに対するひずみ度関数を示す．

図 3.20 は同じく 45°線上のひずみ度関数を実部と虚部に分けて示したものである．絶対値としては実験値とシミュレーションの結果がほぼ等しくなっているが，実部と虚部の比率すなわち位相関係が若干異なっているという結果が得られている．なお，力学モデルとして，ダンパーの片効き特性も考慮すれば，位相関係を含めて良い一致を示すひずみ度関数(バイスペクトル)が得られる．非線形振動系の同定のためには，入出力の瞬時値が同時に得られれば，入力の

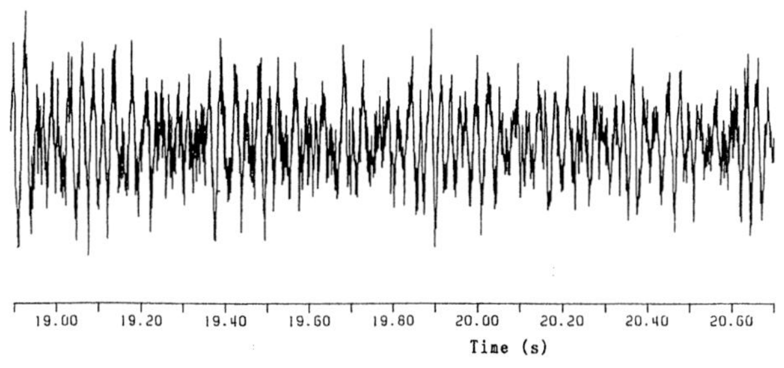

図 3.21 加速時の騒音の記録

積で与えられる項の出力への影響を測るクロスバイスペクトルの考えを使うことがよいと思われる．

3.6 時間的に変化するスペクトルの連続的計測

自動車加速時の騒音の音色について，ゴロゴロという濁った感じの音が不快感を与えるといわれている．実際のエンジンでは，シリンダ間の出力のばらつきや構造の非対称性のために初等的な機械力学の教科書では消えているとされる回転の $n/2$ 次音圧成分が残っている．そしてそれらによっていわゆるうなりの現象が起っているためと考えられる．

図 3.21 は 0.4ms ごとにサンプルされた加速時の騒音記録の一例であるが，低周波から高周波まで広い範囲の周波数成分を含んでいることが分かる．これらの成分は加速中にエンジン回転速度とともに徐々に変化し，各次数成分の振幅も時々刻々変化している．

この種のデータ解析には，短い時間幅の騒音データに対して FFT を適用して得られるスペクトルを平均化したものによるスペクトル表示が行われてきた．図 3.22 の FFT による生のスペクトル(ピリオドグラム)でも顕著な 2 次成分以外の $n/2$ 次音圧成分の存在はある程度は認められる．しかし 2 次以外のどの次数の成分が大きいかを読み取ることは困難である．

図 3.23 は生の FFT に対して，それぞれ両隣の成分の 2 乗和の値を 1：2：1 の比率で 3 回平均したものである．平均化の回数が多くなるにつれて各次数成分の大きさが次第に明らかになってくるが，ピークは広がってくる．この場合の波形は，複数の極狭帯域ランダム波の帯域が徐々に変化するようなものの合成

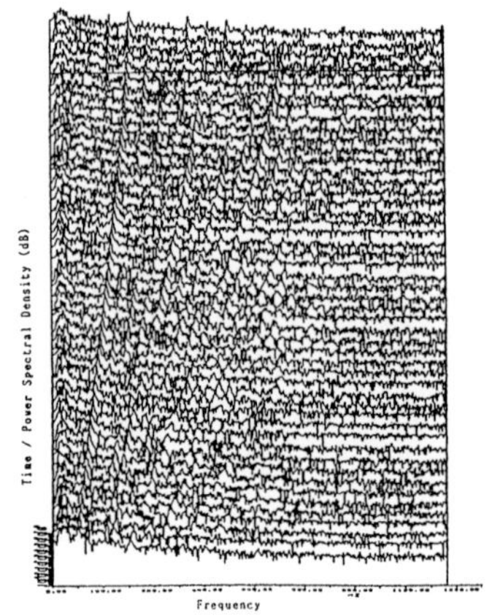

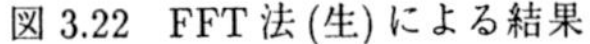
図 3.22 FFT 法 (生) による結果

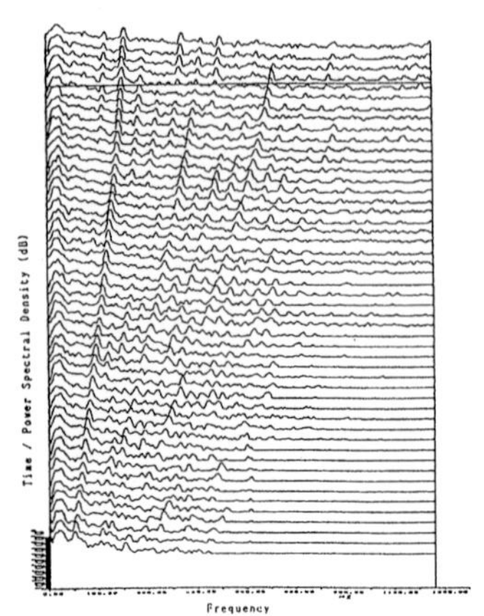

図 3.23 FFT 法 (3 回平均) による結果

とみなすべきものと考えられる．

時間領域モデルの手法は鋭いスペクトルにも対応できると考えられている．図 3.24 はユール・ウォーカー法を用い，赤池による FPE あるいは AIC (Akaike 1970, 1973) によって最適次数を決定するという方法で得られた結果である．このようなデータでは一般に次数がかなり大きくなる．ユール・ウォーカー法では，次数を著しく大きくすると，計算誤差の累積により，予測誤差の分散 σ^2 の推定値が負の値となることがあり，ここでは最大次数を 50 程度としている．

いわゆる Burg 法は直接予測式を推定する形で，偏自己相関係数を用いて前向きと後向きの予測誤差の 2 乗和を最小にするように定めている．この方が鋭いピークを持つスペクトルの場合に有利である．ここでは Burg 自身のアルゴリズムに代えて，統計数理研究所で開発された計算プログラムのアルゴリズムを用い，前向きと後向きの予測誤差系列間の相関係数を用いる方法を採用する．

Burg 法の場合と同様に，前の次数での係数を利用して次に示すような漸化式によって計算を進める (北川 1986).

$$f_{0n} \;=\; b_{0n} \;=\; y_n \qquad (n = 1, \ldots, N)$$

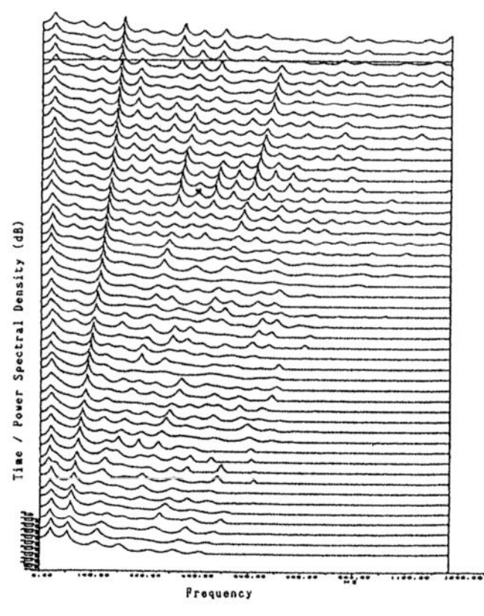

図 3.24 ユール・ウォーカー法による結果

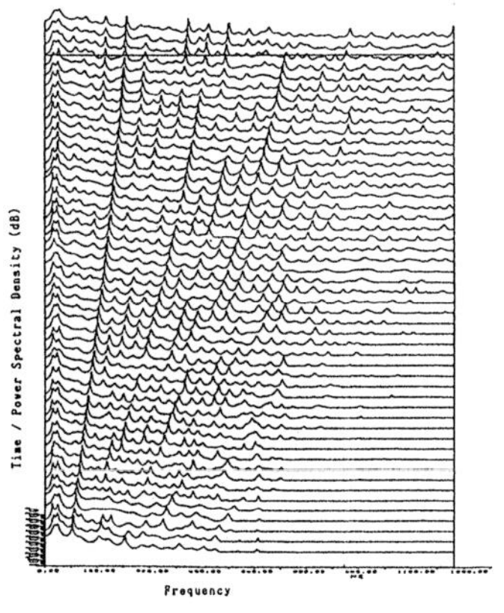

図 3.25 Burg 法による結果

$$
\begin{aligned}
a_{kk} &= -\frac{\displaystyle\sum_{n=k+1}^{N} f_{k-1,n} b_{k-1,n-k}}{\displaystyle(\sum_{n=k+1}^{N} f_{k-1,n}^2 \sum_{n=1}^{N-k} b_{k-1,n}^2)^{1/2}} \\
f_{kn} &= f_{k-1,n} + a_{kk} b_{k-1,n-k} \qquad (n = k+1, \ldots, N) \\
b_{kn} &= b_{k-1,n} + a_{kk} f_{k-1,n+k} \qquad (n = 1, \ldots, N-k)
\end{aligned}
$$

上の式の内 a_{kk} を求める式が，Burg の本来の式と異なる．

図 3.25 にこのアルゴリズムによる解析結果の例を示す (山川 1990)．$n/2$ 次の山が非常に明瞭に現れている．この自動車はある速度領域では 3 次，3.5 次，また他の領域では 1.5～2.5 次の成分がかなり大きいことが分かる．

ただしこの図の縦軸は対数目盛りで表示されているので，各次数成分の振幅がうなりが起こる程度に十分近い値となっているかどうかはよく検討しなければならない．なおこの図に現れている数十 Hz の極低周波成分は，通常の解析では予め数値フィルタで除去されているものである．

図 3.26 は他の自動車に対する解析例である．この例では $n/2$ 次の成分がさらに顕著に現れている．

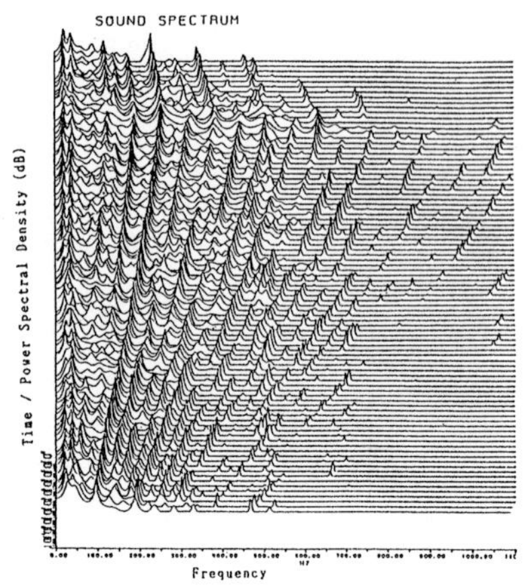

図 3.26 Burg 法による結果

3.7 おわりに

最近の自動車関係の研究報告の中では時系列解析の報告の数は多くはない．これは時系列解析の手法が通常の業務の中に定着した結果ともいえるが，研究報告の中では操縦性安定性関係において AR 法を用いた解析の例 (Soma et al. 1993; Noguchi et al. 1994) が目に付くほか，制振ストッパへの衝突を伴う定常不規則振動の解析例 (相坂ほか 1993) などがある．時系列解析手法が普及定着した結果，自動車関係における応用の裾野は今後も徐々に広がりを見せていくものと考えられる．

補遺　ハニングウィンドウによる平滑化

相関関数をフーリエ変換して得られる生のスペクトル p_j を次式のようにスペクトルウィンドウ $w_i\ (i=0,\pm1,\ldots,\pm m)$ と呼ばれる関数を用いて平滑化する．

$$\hat{p}_j = \sum_{i=-m}^{m} w_i p_{j-i} \quad (j=0,1,\ldots,k)$$

ただし $p_{-j}=p_j$，$p_{k+i}=p_{k-i}$ とする．スペクトルウィンドウの一つであるハニングウィンドウでは $m=1$，$w_0=0.5$，$w_1=w_{-1}=0.25$ とする．

[山川 新二]

これら解析を進めるにあたり，ご指導・ご協力を頂いた統計数理研究所赤池弘次前所長，北川源四郎教授，田村義保助教授に心から感謝致します．

文献

相坂正治ほか (1993), 自動車技術会学術講演会前刷集, 933, 113–116.

Akaike, H. (1970), "On a semi-automatic power spectrum esptimation procedure," *Proceedings of 3rd Hawaii International Conference on System Sciences*, 974–977.

Akaike, H. (1973), "Information theory and an extension of the maximum likelihood principle," *2nd International Symposium on Information Theory* (Petrov, B. N. and Csaki, F. eds.), Akademiai Kiado, Budapest, 267–281. (Reproduced in *Breakthroughs in Statistics,* Vol. 1, S. Kotz and N. L. Johnson, eds., Springer Verlag, New York, 1992.)

赤池弘次 (1964), 確率論入門, フーリエ解析入門, 統計数理研究所講習会教材.

赤池弘次, 中川東一郎 (1972), ダイナミックシステムの統計的解析と制御, サイエンス社.

北川源四郎 (1986), スペクトル解析の動向, 計測と制御, Vol. 25, No. 12, 1074–1081.

Noguchi, Y. et al. (1994), "Study of a method for evaluation handling of bus by measuring drivers psysiological reaction," *AVEC '94*, 67–72.

Ozaki, T. and H, Tong (1975), "On the fitting of non-stationary autoregressive models analysis," *Proceedings of 8th Hawaii International Conference on System Sciences*, 224–226.

Rice, S. O. (1944, 1945), "Mathematical analysis of random noise," *Bell Technical Journal*, 23–3, 282–332 & 24-1, 46–156.

Soma, H. et al. (1993), "Identification of vehicle dynamics under lateral wind distribution using autoregressive model," SAE Paper 931894, IPC–7.

Yamakawa, S. (1971), "Nonlinear vibrations of axles of automobiles moving over rough roads," *Proceedings of US-Japan Seminar on Stochastic Methods in Dynamical Problem*, 6.1–1–20.

山川新二 (1973), 不規則振動の統計的処理, 日本機械学会第 374 回講習会, 117–126.

山川新二 (1975), バイスペクトルによる波形のくせの把握, 日本機械学会論文集, 41–345, 1394–1404.

山川新二 (1983), パワー寄与率による多入力系関連成分の分離, 日本機械学会論文集, 49–449, 2061–2067.

山川新二 (1985), 振動試験とデータ解析, 日本機械学会第 594 回講習会, 65–79.

山川新二 (1990), 自動車加速騒音データの解析, 自動車技術会学術講演会前刷集 902, 2, 233–236.

4

正常胎児・新生児心電図 RR 間隔時系列の自己回帰解析
——出生前後の自律神経機能動態——

4.1 はじめに

胎児の心拍変動は脳幹に存在する心拍制御中枢の支配下にあり，その律動は時々刻々の自律神経状態 (迷走神経と交感神経の二重拮抗支配など) を反映する鋭敏な情報である．しかし，これまで胎児から新生児に至る心拍変動の揺らぎの連続性を検討した報告はない．そこで本章では自己回帰モデルを応用してヒト胎児から新生児にかけての自律神経系機能の成熟過程を解析し，その背景にひそむ生理学的意義を推定することを目的として研究を行った．

4.2 対象と方法

4.2.1 対象

対象は受胎後 26 週より 39 ないし 40 週に至る 41 名の健康胎児と，それらの新生児時期を含む健康新生児 41 名とした．これら対象例のうち，胎児については Prechtl の state 1F (新生児の静睡眠期に相当する状態) であることを胎児エコーで確認した後，母親の腹壁に胎児腹壁心電図記録装置を装着し観測した．次に我々が開発したソフトウェアで胎児心電図 R 波を抽出し，250 beat の RR

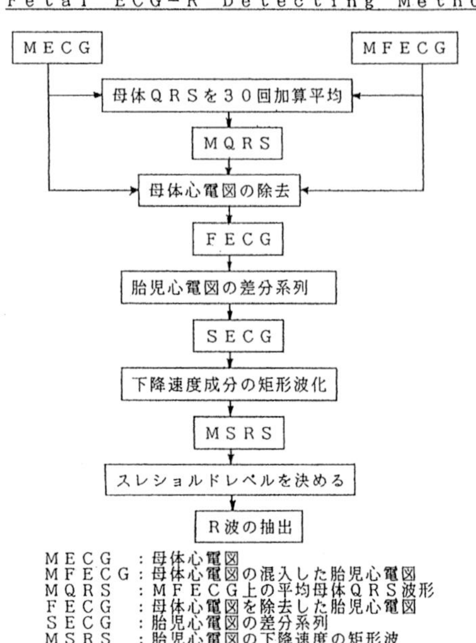

図 4.1　胎児心電図 R 波抽出手法のフローチャート

間隔時系列を 1 区間として 1 胎児あたり 3〜4 区間を選び，総計 128 区間を解析対象とした．

一方，新生児では出生直後から日齢 7 にいたる健康新生児 (AFD 児: 1 分後 Apgar Score 8 点以上) 41 例を対象とし，ポリグラフィー記録を用いて静睡眠期に心電図 RR 間隔時系列をもとめ，1 新生児当り 3〜7 区間を選び，総計 238 区間を対象とした．

4.2.2　記録方法

図 4.1 に胎児心電図の R 波の検出手順を示した．まず，母親腹壁を触診することによって，児頭を関電極 (胎児心電図の電場内に置かれた電極)，児背を不関電極，母体腹壁上で児が触れない部分を接地電極として，母体腹壁上に電極を装着し，母親と胎児の心電図の合成である母胎心電図 (MFECG) を導出して記録した．また，同時に母体のみの母体心電図 (MECG) を母体胸部より導出して記録した．MFECG には高電位な母体心電図や筋電図，雑音が混在し，低

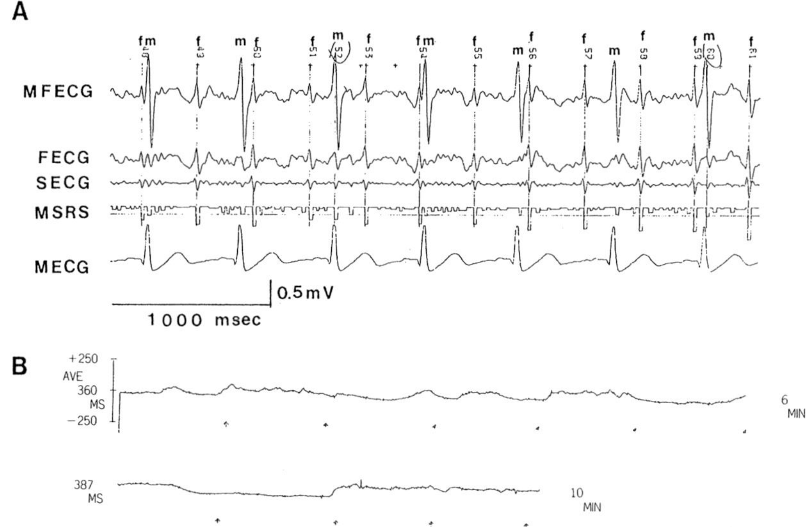

図 4.2 胎児腹壁心電図記録装置 (トーイツ) によるアナログデータと AD 変換による胎児 R 波検出過程
(a) 母体および胎児心電図 (MFECG) より母体 ECG 波形をとり除き，視察的に胎児心電図 R 波を検出した．(b) 胎児 RR 間隔の時系列 (16 分間)

電位の胎児 R 波を検出することは容易ではない．そこで，図 4.1 に示すフローチャートに従って以下のように自動検出する方法を開発した．

1) MFECG を Hum Filter と High Pass Filter (53 Hz 以上) を通して交流成分と基線動揺を除去する．こうして得られた MFECG と MECG のアナログデータを同時にサンプリング間隔 1 msec にて AD 変換し，記録する．
2) ついで MECG の R 波をトリガーとして用い，MFECG 上の母体 R 波 (MR 点) の前後 200 msec のデータを 30 回加算平均することにより胎児心電図や雑音を除去した平均心電図 (MQRS) を作成する．
3) 更に，MECG の R 波をトリガーとして MFECG の MR 点に同期させて MQRS を差し引くことにより，母体心電図を除去し胎児心電図 (FECG) を求める (図 4.2(a))．
4) ここで，FECG 上の胎児 QRS 波形の認識のために，R-S 波間の傾斜度に着目し，FECG の差分系列 (SECG) を用いて，図 4.2(a) に示すように矩形

波形系列 (MSRS) を求め，胎児 R 波を視察的に確認しながら胎児 RR 間隔時系列を確定する．

かくしてえられた胎児 RR 間隔の 10 分間の時系列を表示し (図 4.2(b))，定常とみなされうる 250 beat を 1 区間として，1 症例より 3 区間ずつを取り出し自己回帰解析を施した．

新生児では，生後 1 時間より 22 時間 (平均 7.7±6.4 時間) の間に第 1 回目の，以後 24 時間毎に，2 時間以上の脳波ポリグラフ記録を連日 7 日間施行し，いずれも静睡眠期に新生児用心拍・呼吸モニターであるライフスコープ 6 (OEC-6301:UHF, 日本光電 KK 製) により心電図を記録し，R 波をパルストリガーとして，パルス間隔測定装置を用いて RR 間隔時系列を求めた．かくして得られた 250 個の RR 間隔時系列にミニコンピュータを用いて自己回帰解析を施し，パワースペクトルとその諸特性を計算した．

4.2.3　自己回帰解析

生体の心拍 (RR 間隔時間) の揺らぎを測定するために，図 4.3 に示すように 1 beat を間隔単位とした．そして，RR 間隔 (単位 msec) の平均からの偏差の時系列 $y_1, y_2, \ldots, y_k, \ldots, y_N$ を考察の対象とする．図 4.4 に示すように，これらの値は近似的に平均 RR 間隔の正規分布を示す例が少なくない．時系列 y_k に

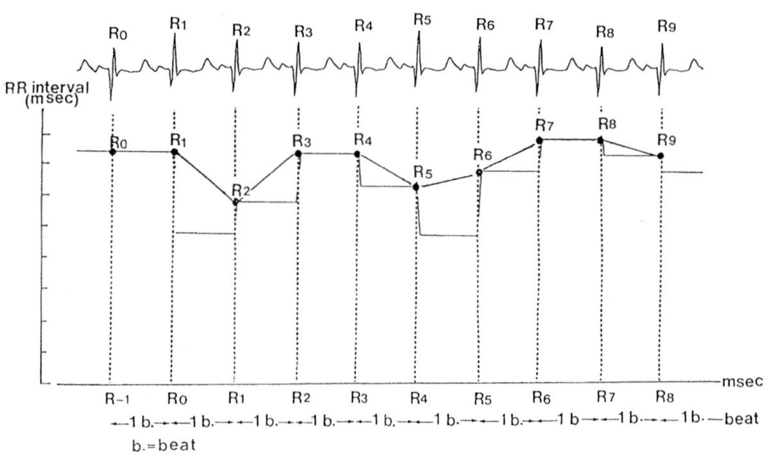

図 4.3　心拍変動の AD 変換　$R_0 - R_1, R_1 - R_2, \ldots, R_8 - R_9$ 間隔を縦軸にとり，各々の RR 間隔時間を 1 beat(心拍) として時系列を求めた．

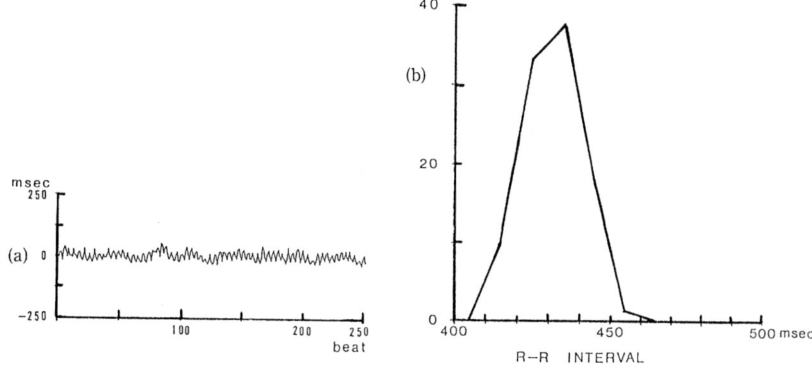

図 4.4 受胎後 36 週早産児の RR 間隔時系列とそのヒストグラム
(a) RR 間隔時系列 (250 beat) (b) ヒストグラム (クラス幅 10 msec): 平均 RR 間隔時間 431.75 msec で正規分布を示した.

対して次の自己回帰モデルを想定する.

$$y_k = a_1 y_{k-1} + a_2 y_{k-2} + \cdots + a_M y_{k-M} + n_k \tag{4.1}$$

ここで, n_k は一定の分散を持ち平均 0 の正規分布に従い, y_{k-j} と独立に分布するものとする. y_k の揺らぎ活動現象の諸特性は, M 個の AR 係数によって決まる. M は自己回帰モデルの次数と呼ばれる.

次数 M は赤池 (1969, 1972, 1974) の方法によって最終予測誤差 (FPE) あるいは AIC が最小となるものを採用する. パワースペクトル密度 $p_M(f)$ は,

$$p_M(f) = \frac{\sigma^2}{\left|\sum_{m=0}^{M} a_m e^{-i2\pi mf}\right|^2}, \quad (0 \leq |f| \leq 1/2) \tag{4.2}$$

により求められる. ただし, σ^2 は n_k の分散であり $a_0 = -1$ とする.

上記 (4.2) 式において自己回帰モデルの特性関数を $a(B) = -\sum_{m=0}^{M} a_m B^m$ とすると, 特性方程式 $a(B) = 0$ は M 次方程式で, これを解けば M 個の根が得られる. その M 個の根のうち, V 個は実根, W 個が複素根とすると, 複素根は必ず偶数個で互いに共役のものが対になり, $V + 2W = M$ がなりたつ. $a(B)$ は V 個の 1 次因数と W 個の 2 次因数の積となり, V 個 (通常 0〜2 個) の 1 次要素

$$g_{1v}(B) = \frac{1}{1 - a_{1v}B} \tag{4.3}$$

と W 個の 2 次要素

$$g_{2w}(B) = \frac{1}{1 - a_{21w}B - a_{22w}B^2} \tag{4.4}$$

に因数分解される (Sato, Ono et al. 1977; 佐藤 1988).

2 次要素から，減衰周波数 (FD) が求められる．心拍律動中枢から送られて来る信号は周期的なものと考えられるが，この周期的活動は外的内的環境からの種々の刺激によって修飾される．したがって周期的心拍活動に揺らぎが生じ，その平均的時間パターンを示す自己共分散関数や自己相関関数は減衰振動を示すことになる．その減衰振動の周波数が減衰周波数 FD である．

各要素に対応するフィルタのインパルス応答は時間的に減衰する曲線を描く．1 次要素の周波数特性は $a_{1v} > 0$ のとき，0 Hz で最高値を示し，周波数の増加とともに次第に低くなっていく減衰指数曲線を描く．この要素のインパルス応答は時定数 TC (原点から最大値の $1/e$ (=0.368, 約 37%) の値に減少する迄の経過時間) が長 (短) い程，つまり要素波の持続が長 (短) い程，この山の幅は狭 (広) くなっている．2 次要素のインパルス応答は減衰振動を描きその周波数が減衰周波数 (FD) である．この振動の包絡線の時定数が減衰時間 (DT, damping time) である．

M 次の自己回帰過程の自己共分散系列は，特性方程式の根を用いて表現できる (本章末尾の補遺 (4.6) 式参照)．その結果から，各根に対応するパワースペクトル密度の山が十分に分離されている場合には，各根に対応する 1 次あるいは 2 次の自己回帰過程の和によって近似される (Zetterberg 1969, 1977)．佐藤 (1988) はこれらを各要素に対応する波動と考えて要素波と呼び，(4.6) 式を用いて各要素波のパワー (要素波パワー) を求めている．本章でもこの近似方法を用いることにする．

4.3 結果

4.3.1 胎児 RR 間隔時系列の解析

図 4.5 に妊娠 34 週胎児の自己回帰解析の一例を示した．最上段には RR 間隔時系列が示されている．250 beat の RR 間隔時系列の平均値は 422.4 msec である．2 段目 (a) にそのパワースペクトルが示されている．時系列の分散であるトータル・パワー (TP) は 32.0 msec^2，その右に FPE と同等な赤池情報量規

(a)

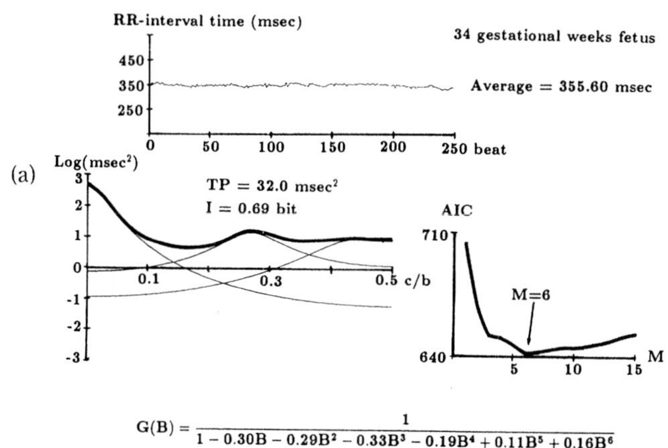

$$G(B) = \frac{1}{1 - 0.30B - 0.29B^2 - 0.33B^3 - 0.19B^4 + 0.11B^5 + 0.16B^6}$$

(b)

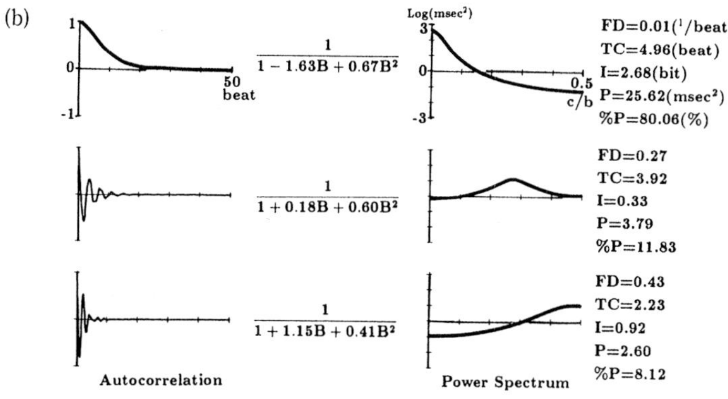

$$\frac{1}{1 - 1.63B + 0.67B^2}$$

$$\frac{1}{1 + 0.18B + 0.60B^2}$$

$$\frac{1}{1 + 1.15B + 0.41B^2}$$

図 4.5 妊娠 39 週胎児の RR 間隔時系列自己回帰解析
(a) 6 次自己回帰スペクトル TP=パワー (msec^2), I=情報活動量 (bit) (b) 要素波活動の自己相関図 (左列), 伝達関数 (中央), および要素波パワースペクトル FD=減衰周波数 (cycle/beat), TC=時定数 (beat), DT=減衰時間 (beat), P=要素波のパワー (msec^2) 括弧内は全体のパワーに対する要素波パワーの百分率

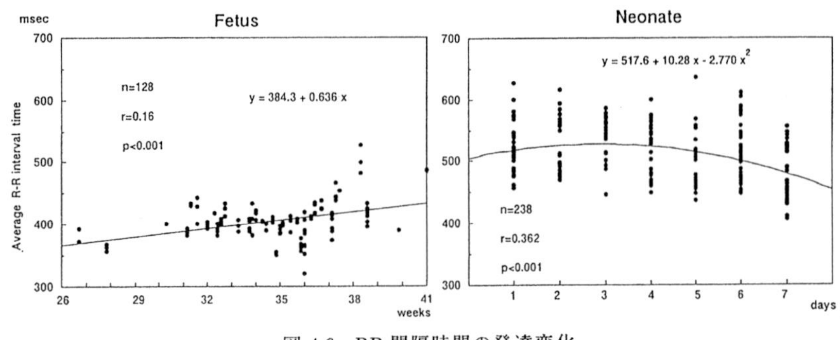

図 4.6　RR 間隔時間の発達変化

準 (AIC) が示されている．AIC が最小となる次数は 6 次であるので，伝達関数 $G(B)$ の分母の特性関数は B の 6 次式である．したがって，3 つの減衰振動曲線を示す 2 次要素がえられている．2 次要素の減衰周波数 FD は 0.01，0.27 と 0.43 cycle/beat であった．図 4.5(b) の左列は自己相関関数を示すが，図にみられるように減衰振動の包絡線の $1/e$ をもって，それぞれ振動の持続時間をあらわすことができる．0.01，0.27 および 0.43 cycle/beat の波はそれぞれ 4.96，3.92，および 2.23 beat の持続性を示している．

4.3.2　RR 間隔時間の発達

図 4.6 に示すように，RR 間隔時間は胎児，新生児で共に，発達に伴い有意 (0.1%の危険率) に増加した．

4.3.3　減衰周波数ヒストグラム

要素分解で得られた減衰周波数をクラス幅 0.01 cycle/beat (c/b) でヒストグラムを作ると，図 4.7 に示すように胎児 (左)，新生児 (右) 共に，0.15 c/b 以下 (LF) と，0.15〜0.27 c/b (MF)，0.28〜0.45 c/b (HF) との 3 群に分けることができた．MF 群は新生児では明らかにみられるが，胎児では必ずしも明確ではないので，今回は除外し，LF 群と HF 群との諸特性の発達に伴う変化について検討した．

4.3.4　トータルパワーの発達

トータルパワー (図 4.8) は，胎児では，受胎後 32 週より高値をとりはじめ，36 週より著明な発達を示した．それに引き続き新生児では生後 4〜5 日に最高値を示す有意の発達がみられた．

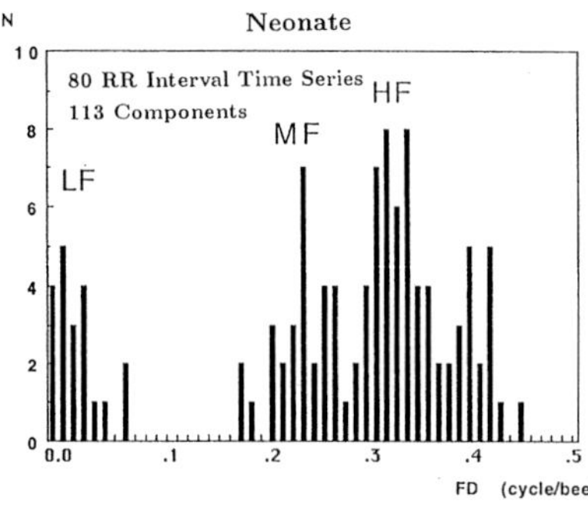

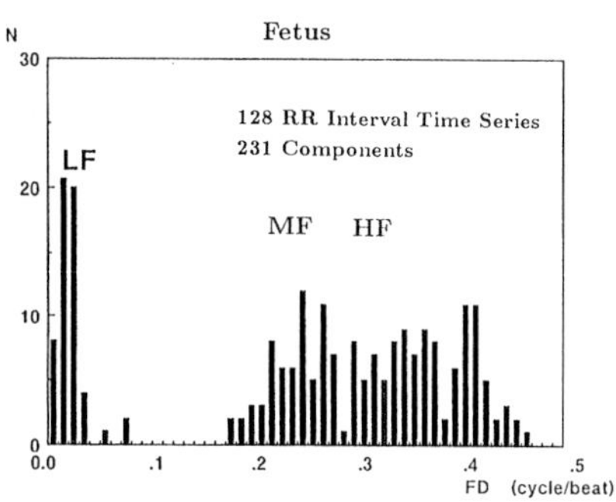

図 4.7 胎児，新生児における減衰周波数ヒストグラム
クラス幅 0.01 cycle/beat で要素波 FD のヒストグラムを作ると，0〜0.15 c/b (LF)，0.15〜0.27 c/b (MF)，0.28〜0.45 c/b (HF) の 3 群に分類された．胎児 (左)，新生児 (右)

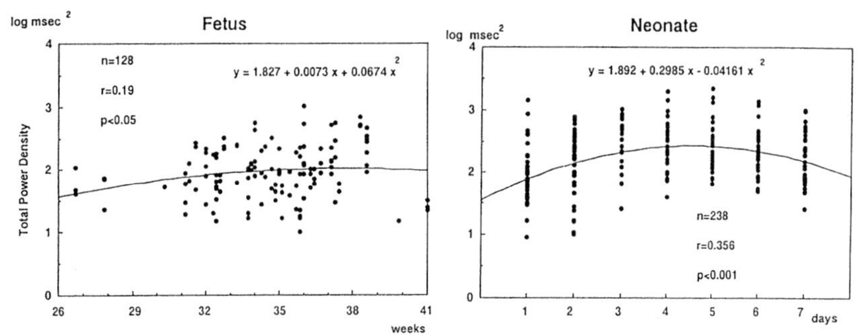

図 4.8 胎児・新生児におけるトータルパワーの発達変化の連続性
左側: 胎児，右側: 新生児　縦軸: パワー密度 (log, msec^2)，横軸: 胎児は在胎週数，新生児は生後日数を示す．

4.3.5 要素波パワーの発達

図 4.9 に示すように HF 群についてみると，胎児では有意の発達を示し，特に 38 週以後に著明であった．新生児では第 4 生日で最高値をとる有意の発達を示した．LF 群では胎児，新生児共に有意の変化はみられなかった．

4.4 考察

Ibarra-Polo (1972)，八木 (1986) の報告によると，基準心拍数は妊娠 5 週から 9 週までは急速に上昇し，以後妊娠 30 週まではゆるやかに下降し安定するという．

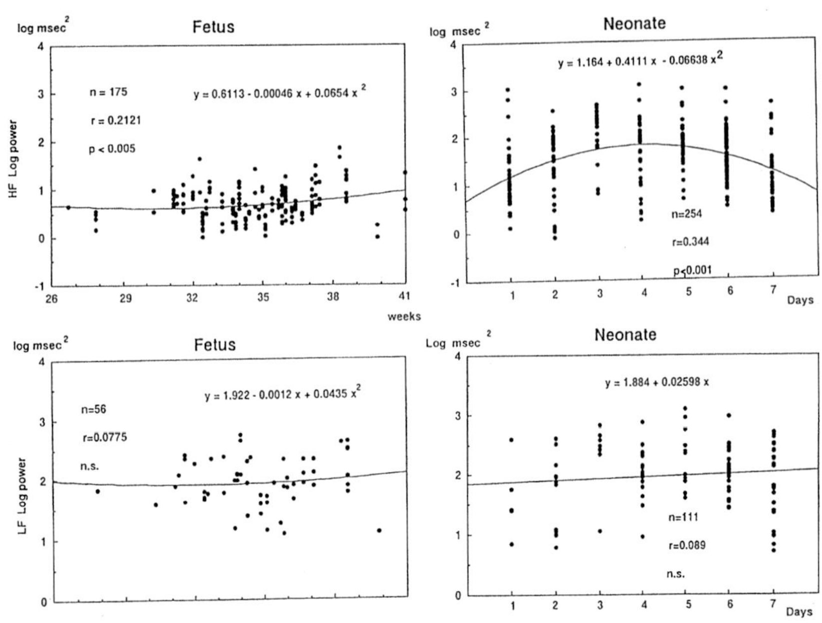

図 4.9　胎児・新生児における要素波パワーの発達変化の連続性
各々の左側は胎児の，右側は新生児の，また，上段は HF 群のパワー，下段は LF 群のパワーの発達変化を示す．縦軸: パワー密度 (log, msec²)，横軸: 胎児は在胎週数，新生児は生後日数を示す．

胎児の自律神経機能動態については動物胎仔において薬物投与や自律神経切断の手法を用いて推定検討されているが，Dalton と Dawes (1983) の羊胎仔の研究から推定すると，ヒト胎児の妊娠 15 週に相当する時期に副交感神経系の反応がみられるとされている．これまでの諸家の報告を総合して，胎児心拍数を制御する自律神経系の発達をみると，妊娠 5 週頃から心拍律動は規則性を持ち始め，妊娠 9 週から房室結節の発達に伴って基準心拍数の下降が始まるという (広瀬ら 1987)．そして，妊娠 16 週には刺激伝導系の完成がみられ，20 週頃には自律神経節が発生し，自律神経末梢部から心拍制御機能が発現してくるとされている．この間，交感神経系に対して副交感神経系が優勢な発達をとげる (Woods 1977)．さらに，妊娠 28 週頃になると，自律神経系のネットワークは心全体に及び微細な心拍制御が可能となる．

ところで，Cerutti ら (1989) は成人を対象として我々と同様に RR 間隔時系列に自己回帰解析を施し，要素成分を求めているが，0.05〜0.15 Hz を低周波帯(LF)とし，0.20〜0.40 Hz を高周波帯(HF)として2群に分けている．そしてHFは呼吸と同期性で呼吸率が心電図に影響を与えることから，呼吸性洞性不整脈(RSA)とし，この部分のスペクトルのパワーは迷走神経コントロールを定量的に表現していると考えている．一方，LFはHFより遅い波であり，その成分は交感神経制御活動であって血圧の変動を強く受け，血圧上昇によりパワーが上昇する．

これまでの研究(Cerutti 1989; Lindercrantz 1993; Pagani 1986)によると，RR間隔時系列のパワースペクトル構成要素波は交感・副交感神経系バランスの有力な評価たりうるとされている．胎児では代償機構によって低酵素状態のストレスによく耐えていることが知られているが，交感・副交感システムの活動化は酸素欠乏時のホメオスターシスを維持することに重要な役割をなしているといわれている．それ故，急性低酸素状態では交感神経系が緊張し，カテコーラミンが放出され(Stange 1977; Widmark 1989)，血圧が上昇し，それが更に交感神経機能を増大させる．この場合，LFのパワーが増大することが羊胎仔で証明されている(Cerutti 1989; Dalton 1983; Stange 1977)．

一方，HFのパワーは副交感神経活動の緊張により増加する．したがって羊胎仔にノルアドレナリンの静注に伴なって心拍が増加することは，すでにLilja (1986)によって記載され，交感・副交感神経系のdifferential indexとしても用いられている(Yeh 1973)．Lindecrantz (1993)は羊胎仔(117〜135日)にノルアドレナリンを静注し，また低酸素状態において，RR間隔時系列にAR解析を施しLFが著明に上昇することを証明している．これらの事実から，上記の我々の結果を考察すると，LFは交感神経系の，HFは副交感神経系の機能亢進状態を示すものといえよう．さらに，受胎後35〜36週，特に38週以上の胎児でHF周波数帯域で有意な発達をみたことはこの時期に副交感神経系の機能亢進がみられ，出生後に対する胎児の呼吸準備状態の存在を示すものと考えられる．

さて，我々はサンプリング間隔を1心拍，つまり1 beatとしたのでパワースペクトルでえられる最高周波数は0.5 cycle/beatとなった．これをHerzとして表現するには各個人ごとの平均RR間隔時間によって補正する必要がある．しかし，RR間隔変動の激しい胎児心拍の周波数帯域を平均RR間隔時間をもって cycle/beat を補正し，Hz として表現すると RR 間の揺らぎの詳細な情報が失われるおそれがある．それ故，本稿では cycle/beat として表現した．

当然のことながら胎児(または未熟児)においても，心拍，呼吸，血圧，体温などの幾多のパラメータが複雑な応答をおこして生体の恒常性を保っている．そして，その恒常性がくずれた時に各種病態像が示される．それ故，筆者らは心拍，呼吸と血圧間のそれぞれの応答について，多次元自己回帰モデルを応用してすでに報告してきた(小川 1990, 1991; Ogawa 1993)が，今後はより詳細な検討を行いたい．

4.5　まとめ

胎児期から新生児期への心拍自律神経制御活動の連続性を知ることを目的として，受胎後 26 週より 40 週に至る 41 名の健康胎児と，それらを含む満期健康新生児 41 名(在胎 38〜40 週)を対象とし，静睡眠期(胎児は Prechtl の state 1F)に RR 間隔時系列を記録し，250 beat を 1 区間として，胎児 128 区間，新生児 238 区間に自己回帰解析を施し，自己回帰スペクトルのパワーと構成要素の諸特性(減衰周波数，減衰時間)を求め，受胎後週数に伴う各パラメータの発達変化を検討した．その結果，胎児から新生児にかけて 0.28〜0.45 cycle/beat の周波数帯域のパワーにのみ有意の増加がみられ，特に妊娠 35〜36 週より出生前後にかけて急激な上昇がみられた．この事実は妊娠 35〜36 週の胎児では副交感神経機能亢進がみられることを示唆し，生出後に対する胎児の呼吸準備状態の存在を示すものと考えられた．

補遺　要素波パワーの計算法(小野 1976 による)

(4.2) 式に関連して定義された特性関数 $a(B)$ を 0 とおいて得られる B に関する M 次方程式

$$1 - a_1 B - a_2 B^2 - \cdots - a_M B^M = 0 \tag{4.5}$$

の M 個の根(特性根)を $s_j^{-1}, (j = 1, 2, \ldots, M)$ とすると，M 次自己回帰過程 y_t の自己共分散 r_k は

$$r_k = H_1 s_1^k + H_2 s_2^k + \cdots + H_M s_M^k \tag{4.6}$$

の形で与えられる．ここで，$H_1, H_2, \cdots, H_M$ は特性根より決まる定数である．

ここで p 番目の実根を s_p^{-1}, q 番目の共役複素根の組をそれぞれ $s_q^{-1}, \bar{s}_q^{-1}$ とすると,

$$r_k = \sum_{p=1}^{V} H_p s_p^k + \sum_{q=1}^{W} (H_q s_q^k + \bar{H}_q \bar{s}_q^k) \tag{4.7}$$

と書ける．したがって

$$r_0 = \sum_{p=1}^{V} H_P + \sum_{q=1}^{W} H_{q1} \tag{4.8}$$

であり, $H_{q1} = H_q + \bar{H}_q$ である．ただし $^-$ は共役複素数を示す．これらは,

$$A(B) = M - (M-1)a_1 B - (M-2)a_2 B^2 - \cdots - a_{M-1} B^{M-1} \tag{4.9}$$

とおくと,

$$H_m = \sigma_n^2 / A(s_m) A(s_m^{-1}) \tag{4.10}$$

で与えられる．ただし σ_n^2 は M 次自己回帰過程のイノベーション n_k の分散である．H_p, H_{q1} が各要素波のパワーを与える．要素波パワーの解釈には，本文中で述べた近似のための条件が成立することが必要である．

[小川 昭之]

文　献

Akaike, H. (1969), "Fitting autoregressive models for prediction," *Annals of the Institute of Statistical Mathematics,* Vol. 21, 143-247.

Akaike, H. (1974), " A new look at the statistical model identification," *IEEE Transactions on Automatic Control,* Vol. AC-19, 716–723.

赤池弘次, 中川東一郎 (1972), ダイナミックシステムの統計的解析と制御, サイエンス社, 東京.

Box, P. G. and Jenkins, G. M. (1970), *Time series analysis; forecasting and control,* Holden-Day, San Francisco, USA.

Cerutti, S. et al. (1989), "Compressed spectral arrays for the analysis of 24-hr heart rate variavility signal: enhancement of parameters and data reduction," *Computers and Biomedical Research,* Vol. 22, 424–441.

Dalton, K. J., Dawes, G. S., Patrik, J. E. (1983), "The autonomic nervous system and fetal heart variability," *American Journal of Obstetrics and Gynecology,* Vol. 146, 45.

広瀬賢三, 下川 浩, 小柳孝司, 中野仁雄 (1987), 胎児の発育と基準心拍数, 周産期医学, Vol. 17, 671–674.

Ibarra-Polo, A. A., Grriloff, E., Gometz-Rogers, C. (1972), "Fetal heart rate throughout pregnancy," *American Journal of Obstetrics and Gynecology*, Vol. 113, 814.

Lindecrantz, Ketal (1993), "Power spectrum analysis of the fetal heart rate during noradrenaline infusion and acute hypoxemia in the chronic fetal lamb preparation," *International Journal of Biomedical Computation*, Vol. 33, 199–207.

小川昭之, 園田浩富, 沢口博人 他 (1990), 未熟児における呼吸と心拍律動の相互応答と，その発達特性 (1) 静睡眠期, 自律神経, Vol. 27, 612–619.

小川昭之, 園田浩富 (1991), 未熟児睡眠期における心電図 RR 間隔と血圧相互応答システムの開発, 自律神経, Vol. 28, 37–43.

Ogawa, T., Kojo, M., Fukushima, N. et al. (1993), "Cardio-respiratory control in an infant with Ondine's curse: a multivariate autoregressive modelling approach," *Journal of Autonomous Nerve System*, Vol. 42, 41–52.

小野憲爾 (1976), 生体揺らぎ現象の自己回帰解析ミニコンピューターシステムについて, 長崎大学神経情報研年報, 3, 19–27.

Pagani, M. et al. (1986), "Power spectral analysis a beat-to-beat heart and blood pressure variability as a possible marker of sympaths-vagal interaction in man and conscious dog," *Circulation Research*, Vol. 59, 178.

Sato, K., Ono, K. et al. (1977), "Component activities in the autoregressive activity of physiological systems," *International Journal of Neuroscience*, 7, 239–249.

佐藤謙助 (1988), 自己回帰要素波解析入門, 生体情報研究所, 東京.

Stange, L. et al. (1977), "Quantification of fetal heart rate variability in relation to oxygen in the sheep fetus," *Acta Obstet. Gynecol. Scand*, Vol. 56, 205–209.

和田雅臣, 小川昭之, 園田浩富ら (1991), 多次元自己回帰モデルによるアルファ波相対パワー寄与率の発達特性, 第 6 回生体・生理工学シンポジウム論文集, 33–36.

Widmark, C. et al. (1989), "Electrocardiographic waveform changes and catecholamine responses during acute hypoxia in the immature and mature fetal lamb," *American Journal of Obstetrics and Gynecology*, Vol. 160, 1245–1250.

Woods, J. R. Jr. et al. (1977), "Autonomic control of cardiovascular functions during neonatal development and in adult sheep," *Circulation Research*, Vol. 40, 401–407.

Yatsuki, K. et al. (1986), "Embryonal heart rate before abortion," *Proceedings of the Japan Society of Ultrasonics in Medicene*, Vol. 48, 155.

Yeh, S. Y. et al. (1973), "Quantification of the fetal heart beat to beat interval differences," *Obstetrics Gynecology*, Vol. 41, 355–363.

Zetterberg, L. H. (1969), "Estimation of parameters for a linear difference equation with application to EEG analysis," *Mathematical Biosciences*, 5, 227–275.

Zetterberg, L. H. (1977), "Means and methods for processing of physiological signals with emphasis on EEG analysis," *Advances in Biology and Medical Physics*, J. H. Laurence, et al., eds. Academic Press, New York, 41–91.

5

脳の情報処理機能解明への試み
——動物の脳皮質聴覚野の解析——

5.1 はじめに

脳は神経細胞を要素とする複雑かつ巨大な動的情報処理システムとみなすことができる．最近，脳の皮質に分布している神経細胞の活動を，光学的多点計測によって多点で同時に実時間計測することが可能になり，脳を動的システムとして同定しようとする新しい道が開けつつある．脳の神経活動は非線形かつ非定常な振舞をするものであり，線形性や定常性をもとにしたシステム同定の理論の適用は困難とする説もある．しかし，工業プラントなど実在する動的システムの多くは非定常，非線形な現象を内包しているが，総合的にはシステムの同定や制御は首尾よく行われている．このことから，多変量時系列解析を利用する線形システムの同定理論が，脳の機能の解明にも効果を発揮する可能性は大いに考えられよう．

本章では，光学的測定装置を用いて我々が行ってきた，動物(モルモット)の聴覚皮質の神経活動の時空間観察および多変量自己回帰モデルを用いた神経活動のパターン時系列解析の結果を紹介する．

5.2 脳における情報処理と計測

人の脳では百億個以上もの神経細胞(ニューロン)が，耳や目などの感覚器官や，手足などの運動系からの情報を，秩序正しく休みなく処理し，個体のその時々の行動のための決定を行っている．個々の神経細胞は千～1万個もの他の神経細胞からシナプスを介して入力を受け，約千個の神経細胞に出力している．神経細胞の活動は電気的インパルス(活動電位)を発生し秒速100mを超える速さで神経繊維を伝導する．このように脳は，基本要素である神経細胞がシナプスを介して幾重にも結合し合った神経伝達路をもち，組合せ的には無限と言える信号伝達路を情報が流れている信号処理システムである．

哺乳動物の視覚情報処理構造は比較的よく理解されていて，視覚情報は網膜から中脳の外側膝状体を中継して脳の視覚一次野に伝達され，ここから下部側頭回皮質と頭頂葉に至る2つの情報処理経路の存在が形態的に知られている．この情報処理経路に沿って機能の高次化が進むと考えられていて，微小電極法(電気生理実験)を武器に情報処理経路を辿り，脳の情報処理システムの謎を解き明かす研究が行われている．これは，微小電極をサル等の動物の脳に刺し，様々な感覚刺激に対する電極周辺の神経細胞の電気インパルス応答の有無や応答パターンを測ることによって，脳の領野や神経細胞の機能的特性を調べる方法である．

サルを用いた電気生理実験では，視覚一次野で，エッジの方向やバーなどの単純な視覚刺激に応答する神経細胞(単純細胞)が方向の度合いに応じ規則正しく並んでいる様子がヒューベルとウィーゼルによって報告されて以来，視覚の情報処理経路の部位に沿って，順次複雑な視覚パターンを認識する機能を持つ細胞の存在が報告されてきた．このような知見から，単純細胞をパターン認識の最下層として，三次元像の情報抽出ができる階層的パターン認識理論が構築された．この階層の頂点の細胞は，複雑なパターンが1個の神経細胞で認識されるとした「おばあさん細胞」である．情報の符号化の点では，このような脳の情報処理パラダイムは，「おばあさん細胞仮説」と言われている(例，塚原 編 1984; 伊藤 編 1991; マッケイ 1993)．

聴覚野の神経活動に関しては，視覚のような情報処理の階層構造は明確でないが，多くの哺乳動物における，音の周波数に選択性を示す神経細胞の並び(周波数の部位的特性)の存在や，ネコ等ではホルマント(音声スペクトルにおいてエネルギーが集中している周波数成分)に応答する神経細胞の存在も示唆されている．コウモリ等では，暗やみを飛行中の昆虫を捕食するためにドップラー効果を利用するバイオソナー(ソナー：sound navigation and ranging の略) 機構が備わっていて，ある CF 音 (一定の周波数音) や FM 音 (周波数変調音) などの定位音 (物体との距離，物体の大きさなどを知るための音) を選択的に認識するための神経細胞が報告されている．このように，聴覚の情報処理においても，「おばあさん細胞」と同様な「法皇細胞」の存在が求められてきた (例，塚原 編 1984; 菅 1990)．「おばあさん細胞」や「法皇細胞」の考えは，個々の神経細胞がある特定のパターンに応答するという実験上の知見を発展させたものである．しかし，多くの細胞は複数の異なったパターンにも応答するという実験事実も数多く見られるようになり，最近ではこのような極端な考えは劣勢となりつつある．

このような実験では，刺激入力の強さに応じて脳の神経伝達路 (神経回路網) を流れる電気インパルスの頻度は変化するが，頻度そのものには情報が含まれないとされてきた．すなわち，神経細胞の出力の有無だけが問題と考えられてきた．ところが，インパルス頻度の時間変化が外部の情報と相関があるという，電気生理実験のよりどころであった常識を覆すような説も最近では見られるようになっている．また，同一の物体を認識する神経細胞の活動には同期した共鳴現象が存在するという実験結果も知られている．複数の神経細胞のインパルスの位相関係や時間関係が，神経の認識活動に意味があるという知見の出現である．現在，このような実験結果をめぐり興味深い論争が進行中であり，理論的な議論も巻き込んで神経科学の研究のホットスポットの一つになっている (松本 1992)．

脳の高次情報処理に関するこの新たな動きは，従来の刺激に対して応答する神経細胞の活動の有無を測る，いわば神経活動の静的側面の観測をもとにした脳の情報処理に関するパラダイムから，動的側面の観察をもとにした新たなパラダイムへの転換を迫っているものとも考えることが出来る．単純な神経細胞の組み合せによって，つぎつぎに変化する情報を処理する脳のすばらしく高度な機能がどのようにして実現されるのであろうか．この謎に迫るには，脳が神経細胞の複雑に結合された動的システムであることを認識すれば，他の複雑大規模な動的システムの解析と同様に，脳システムの多点の状態の計測とその動的解析を欠くことは出来ないであろう．

5.3 脳の聴覚皮質の光学的多点観測

動物の脳の神経活動を多点で同時に計測する方法として，光学的測定法がある．この方法は，電位感受性色素によって神経活動にともなう神経細胞の膜電位変化を光学的変化に変換し，光センサーで測定する方法である (例，福西 1992a). モルモットの脳の聴覚皮質の誘発神経活動を多点同時計測するために我々が用いた光学的測定法および動物実験のデータ収集法は，以下のように概説できる (福西 1992b; 村井他 1993).

脳の聴覚野の音声誘発応答の計測に用いた 128 チャンネルの光学的測定システムを図 5.1 に示す．麻酔下の動物の脳を開いてその皮質を電位感受性色素で染色し，動物に刺激音を聞かせた際の聴覚野の神経活動による膜電位変化を光学的に計測する．光学系の接眼部には 12×12 個の光センサーが 2 次元状に装備されていて，皮質上で 130〜220μm の空間分解能の多点計測が可能である．色素の変換効率が高々0.1%程度という光学的測定固有の問題に加え，聴覚誘発応答では電位変化そのものが小さいため，計測に際しては，光学系の透過性の向上，電子回路への混入雑音の低減，生体由来のアーチファクト (外乱) 対策など，

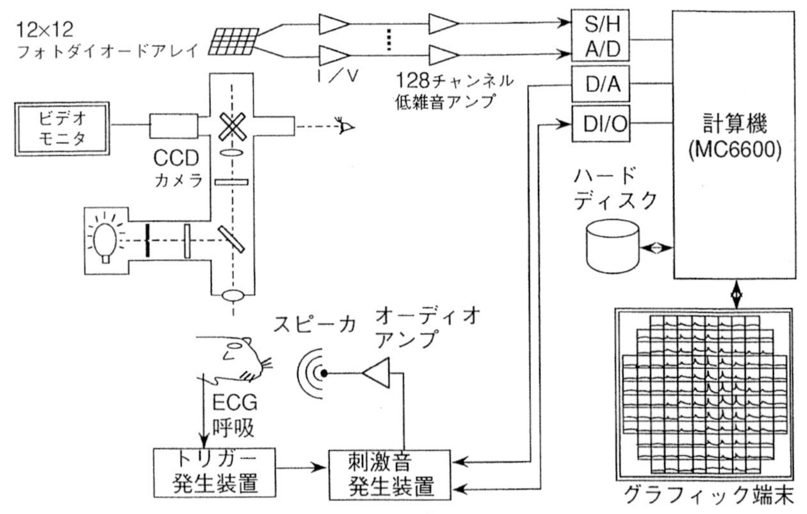

図 5.1 動物の聴覚皮質神経活動の多点計測のための光学的測定システム

総合的なS/N向上策が重要である．さらに，数msの聴覚誘発応答特性をもつデータの空間的パターンの時系列解析に備え，データ収集時には，全データ(128チャンネル)を5〜10kHzの時間分解能で同時に収録する．

実際の実験時には，動物の心電および呼吸のモニター信号で音刺激発生と計算機へのデータ取り入れタイミングを制御し，刺激応答と無刺激応答の差の応答を求め，動物の搏動や呼吸によるアーチファクトの混入を回避する．さらに応答データのS/N特性を高めるために，動物の状態に同期して計測された応答データを加算する．次項以後では，音刺激としてクリック：時間幅0.1msのパルス(図5.2)，およびトーンバースト：立上り，立下り各々10ms，持続時間30ms，を用いた実験例を紹介するが，他に音刺激として動物の種固有の音声も実験に用いている．電波雑音を遮断した半無響防音室内で，広帯域の周波数特性を持つスピーカあるいはイヤホーンで動物に音声を聴かせ，脳皮質の神経の応答を計測する．

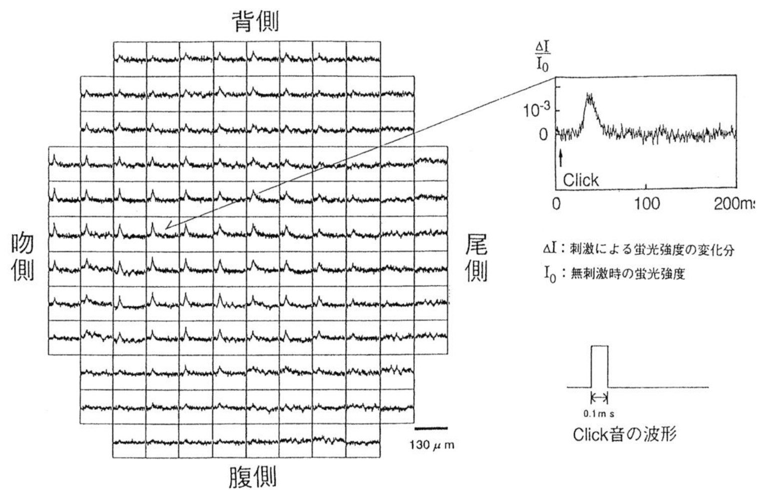

図5.2 光学的測定によるクリック音刺激に対する誘発応答の時系列の分布

5.4　神経活動の時空間観測

動物の脳の聴覚皮質において音声情報はどのように符号(コード)化されているのであろうか．音声情報は，内耳の蝸牛で周波数成分に変換され，多くの神経核を経て脳皮質の聴覚野に伝達される．モルモットなどでは，微小電極を用いた実験から，聴覚皮質に特定の周波数の音に応答する神経細胞の周波数に対応した空間的な秩序ある並びが存在するとされている．モルモットにクリックや純音を聴かせ，皮質に分布した神経細胞の聴性誘発応答を光学的多点測定法によってパターン計測することは興味のあるところである．

モルモットに周波数成分を多く含む音としてクリックを聴かせ，聴覚野の神経細胞の誘発応答の時間応答を光学的測定によって観察した結果を図 5.2 に示す．動物の状態に同期して 100 回の試行を行い，結果の加算を行った．この応答領域は，聴覚一次野の背側で全体の約 1/4 に相当する．1 画素は 130μm 角である．この時間応答の各画素(皮質上の計測点)での応答の強さを黒丸の大きさで表し，聴覚皮質に分布した神経活動の時空間特性を図 5.3 で示す．この場合，強く応答する部位(大きな黒丸)が吻背側から尾腹側に移動している．このように，神経活動の多点同時計測によって，単一の微小電極では分からない聴覚皮質のダイナミックな神経活動の一端が浮かび上がる．

クリックに応答する神経細胞の活動を聴覚一次野のさらに広い領野で光学的

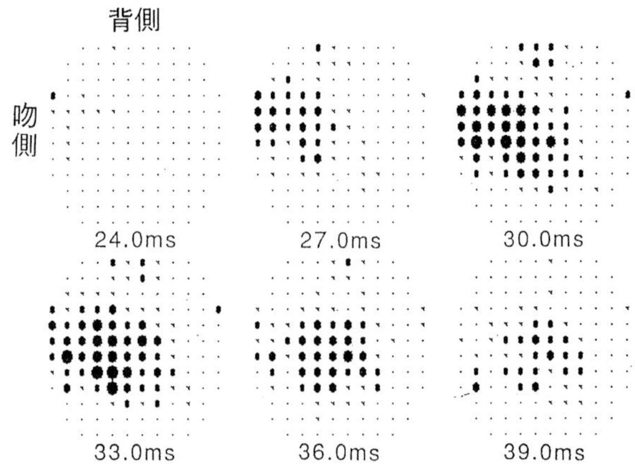

図 5.3　クリック誘発応答時の皮質(A1)活動パターンの時間推移(図 5.2 に対応)

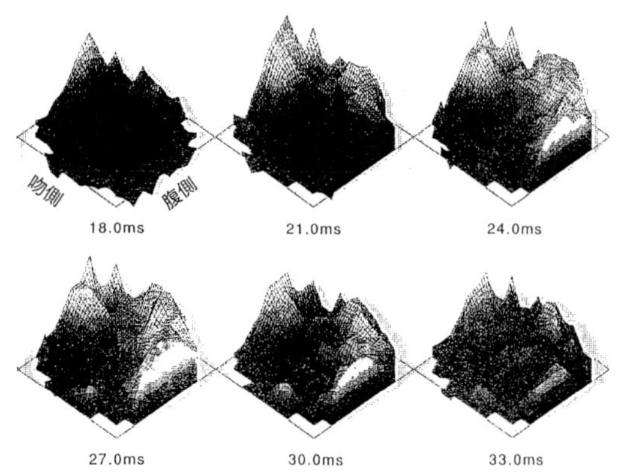

図 5.4 クリック誘発応答推移の 3 次元的表現 (AI の約 2/3 の領野)

に計測し，応答の強さの時間変化を 3 次元的な空間パターンで示した例が図 5.4 (口絵のカラーページ参照) である．これは聴覚一次野の約 2/3 の領域 (約 3mm 角) の観察に相当する．応答の強い領域を意味する応答の高い山が，音刺激後 18ms から 33ms の間に計測部位の吻背から尾腹側に，さらに尾背側から吻腹側に，丁度，三日月の形状に移動することが示されている．この神経活動の時空間パターンは，クリックのような同時に広帯域の周波数成分を含む音は，聴覚野の異なった部位の神経細胞群の時変的な活動によって処理され，特定の神経細胞群のみの活動では処理されないことを示唆する．すなわち，聴覚野ではクリックの符号化は単一の神経細胞群では行われないと推定できる．

一般に，皮質において音の符号化はどのように行われているのであろうか．我々の光学的測定で得らた結果では，異なった周波数の純音を聴かせた場合の応答領野はかなりの程度重なり合う．すなわち，微小電極による計測から示唆されたような，特定の周波数の音に一意的に選択性を示す神経細胞が聴覚皮質にバンド状に並ぶトポグラフィックなパターン (トノトピシティ) は，見ることは出来ない．しかし，光学的測定で純音 (トーンバースト) に対する応答の中心部を抽出すると，例えば，図 5.5 のような 1kHz および 4kHz のバースト音に対する応答パターンは，図 5.6 (口絵のカラーページ参照) で示すように聴覚野のやや腹側部において音の周波数に選択性を持つ神経細胞群が，吻側 (1kHz)，尾

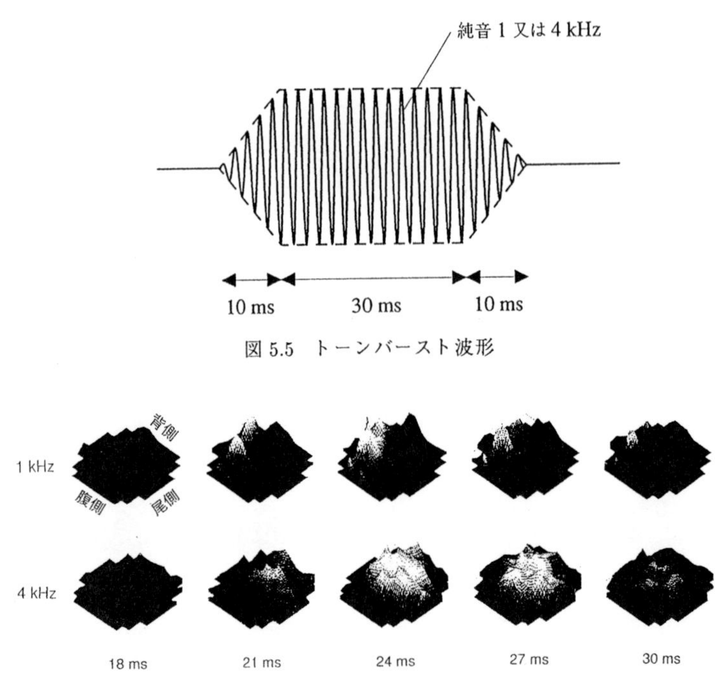

図 5.5 トーンバースト波形

図 5.6 1 および 4kHz バースト音刺激に対する誘発応答パターン (同一動物の同じ部位)
—トノトピシティの可視化—

側 (4kHz) とに分かれて存在し，皮質聴覚野におけるトポグラフィが得られる．このトーンバースト応答では，クリックに対する応答と異なり，聴覚野で活動する部位の移動は見られず，純音を処理する神経活動は空間的に安定している．

このような皮質聴覚野における音の周波数情報の符号化の形態と，複雑な音の処理にみられる神経細胞群のダイナミックな活動を重ね合わすと図 5.7 のように示すことができる．これは，広範な周波数成分を含んだ複雑な音に対して，周波数と対応付けられた神経細胞群が，高周波側から低周波側に順次活動するパターンでもある．このようにして光学的測定法で可視化できた聴覚皮質における神経細胞のダイナミックな活動のもつ意味は，まだ明らかではない．我々は，聴覚野でクリックのような広帯域の周波数成分をもつ音が処理される際に，皮質の神経細胞群によって符号化されている音の周波数情報 (記憶) が順次想起される様態を示すものであると考えている (福西 1992b; Fukunishi et al. 1992).

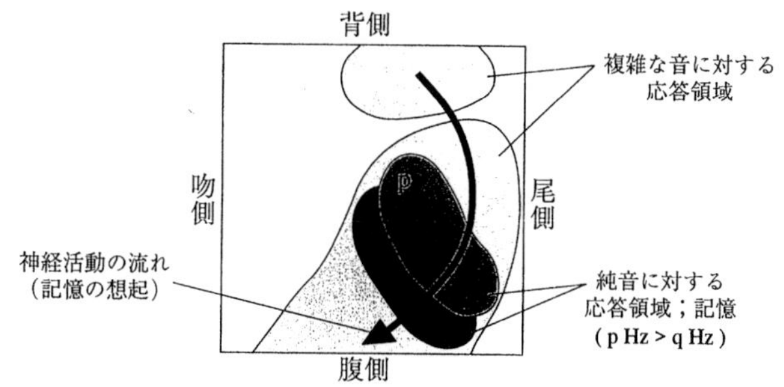

図 5.7　モルモット聴覚皮質における音声情報処理の概念 (実験からの推定)

5.5　皮質における神経活動のモジュール性

脳の皮質視覚野では神経細胞は皮質面に垂直方向の結合が強く，コラム構造をした神経細胞組織の並びが存在することが知られている．このような神経細胞のつくる形態的構造と，単純細胞や複雑細胞の個々の機能とが対応して，神経細胞組織による機能的モジュールが形成されている．

皮質聴覚野では，ある種のコウモリを除き，コラム構造や機能的なモジュールの存在は必ずしも明確ではない．皮質空間で神経活動のモジュール性が捉えられれば，光学的測定法で得た神経活動の時空間データのもつ意味の理解が進むことが期待できる．そこで，図 5.2 に示した光学的測定によって計測したクリックの音刺激誘発のパターン時系列データをもとに，皮質の異なった場所の応答間の相関関数を求めてみた．

図 5.3 について述べたように，神経活動は吻背側から尾腹側に音刺激後の時間経過とともに移動している．応答領野のほぼ中心部で応答の移動の方向に沿った直線上の位置 (図 5.8 の測定画素断面上の 8 点) の応答の時系列データ間の相互相関関数を求めたのが図 5.8 である．同図の対角線上の値は，8 点の自己相関関数を示す．対角線と平行して，画素間の距離に応じた相互相関関数の値が図示されている．隣あわせの画素 i と j の間の相関関数 (遅れ時間は j の i に対する遅れを正にとっている) を $[i, j]$ で表示すると，[2, 1]，[4, 3]，[6, 5] がほぼ時間軸に対して対称なパターンをしているが，[3, 2]，[5, 4] は非対称である．この結果は，それぞれ画素 1 と 2，3 と 4，5 と 6 に対応した皮質の領野は，各々 1 つのモジュールであり，それぞれで神経活動は並列的な処理を行っているの

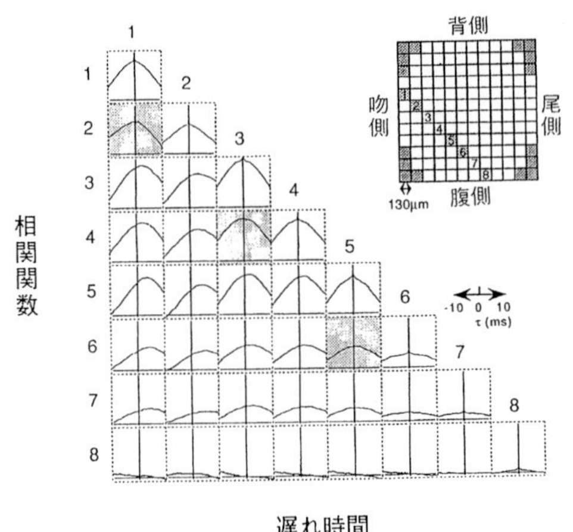

図 5.8　クリック誘発応答の皮質での相関 (図 5.2 のデータの解析)

に対し，画素 2 と 3，4 と 5 に対応する領野では，それぞれに逐次的な個別の神経活動をしていると見做せる．

この計測では 1 画素が 130μm 角に相当し，上記の結果から皮質のモジュールは直径 100–300μm の神経細胞であることが示唆される．このように，動物が音声を聞いているときの脳の皮質聴覚野の神経活動を光学的に多点同時計測し，その相互相関を求めることにより，聴覚野の神経活動にはモジュール性があることが推察できる．

5.6　パターン時系列解析

一般に，動的システムの状態の時間的変化を計測し，逆にそのシステムの動的構造を同定する問題は，システムの動的逆問題として定式化される．システムの動的な特性を把握するためには，このような逆問題を解くことが必要である．すでに述べてきたように，脳の神経活動は神経細胞相互が動的に結合して情報処理の機能を実現する動的システムである．この場合の逆問題を解くことは，脳の情報処理メカニズムを解明する効果的なアプローチの一つとなろう．

脳のように膨大な数の神経細胞からなり，しかも個々の神経細胞の活動が非線形特性をもつ動的システムの逆問題を一意的に解くことは不可能である．しかし，前節で述べた結果は，脳の皮質には機能的なモジュール性があり，脳システムの状態を神経細胞群の活動として捉えることが妥当であることを意味している．また，モジュールの活動出力は多数の神経活動の総和であり，線形システムとしての取り扱いの可能性が期待される．そこで，皮質のモジュールの神経活動によって皮質システムの状態を表現し，多点の状態変化を光学的測定によって計測し，この計測量からシステムの特性を求めるアプローチが考えられる．

我々は，多変量自己回帰モデルを用いて大規模な動的システムである原子炉プラントの動的特性を同定してきた (Fukunishi 1977)．この経験を生かし，皮質の光学的測定データに多変量自己回帰モデルを適用することにした．そこで，モルモットの脳皮質の聴覚野での音刺激誘発応答の光学的測定の画素出力に，多変量自己回帰 (MAR) モデルのあてはめを行う (赤池他 1972)．刺激応答の 1 試行の光学測定で得られる誘発応答データは，種々の雑音で汚されているため，適当な試行回数で得たデータを加算して用いることにする．多変量自己回帰モデルは，本来定常時系列の解析のために開発されたものであるが，この場合は確定的な入力に対する多点での過渡的な応答に適用し，応答間の線形的な対応関係の解析を試みる．実際には，空間分布したシステムの状態パターンの時間的な動きを時系列解析することになる．

時刻 t における n 次元ベクトル X_t は，脳皮質の n 点の光学的測定の空間点の神経活動からなり，多変量自己回帰モデルは

$$X_t = \sum_{k=1}^{p} A_k X_{t-k} + E_t \tag{5.1}$$

で表される．ここで，A_k $(k = 1, \ldots, p)$ は $n \times n$ のパラメータ行列の系列，E_t は要素が平均値 0，分散共分散行列 Σ_p からなる n 次元ベクトルであり，モデルの残差に相当する．ただし，X_t の平均も 0 となるようにしてある．E_t がガウス性の m 次元白色雑音を構成するものとみなして，データ長 N に応じてバランス良く次数を選ぶ情報量規準 AIC (Akaike 1974) によりモデルの次数 p を決定する．

$$\mathrm{AIC}(p) = N \log |\Sigma_p| + 2n^2 p \tag{5.2}$$

ただし，$|\Sigma_p|$ は推定された E_t の分散共分散行列の行列式を表わす．パラメータ行列 A_k $(k = 1, \ldots, p)$ の推定値は式 (5.1) の最小 2 乗推定のための正規方程

式を解くことによって求める．

ベクトル X_t のスペクトル密度関数行列は，

$$S(f) = A(f)^{-1}\Sigma_p A^*(f)^{-1}, \tag{5.3}$$

で表せる．ここで，$A(f)$ は行列 A_k $(k=1,\ldots,p)$ の Fourier 変換である．* は複素共役演算子を意味する．残差が無相関な白色性雑音となり，分散共分散行列 Σ_p の非対角項が無視できれば，式 (5.3) から $X_{i,t}$, $i=1,2,\ldots,n$ (ベクトル X_t の i 要素) のパワースペクトル密度 (PSD) は，

$$S_{ii}(f) = \sum_{j=1}^{n} |\{A(f)^{-1}\}_{ij}|^2 \Sigma_{jj,p}, \qquad (i=1,2,\ldots,n) \tag{5.4}$$

となる．ここで，$\Sigma_{jj,p}$ は共分散行列 Σ_p の j 番目の対角項であり，$\{\cdot\}_{ij}$ は $n\times n$ 行列 $\{\cdot\}$ の (i,j) 要素を意味する．これは，それぞれの空間点の神経活動に付随して生起した神経細胞の活動が，状態間の伝達関数を介して空間点 i の神経細胞群に伝達され，これらが引き起こす神経活動のパワーの総和として神経活動 $X_{i,t}$ のパワーが求まることを意味している．

神経活動間の結合の強さ，従って皮質の神経細胞群間の機能的な結合の強さは，神経活動相互のパワー寄与率で表すことにより，より明確に表現できる．空間点 j における神経活動 $X_{j,t}$ が空間点 i の神経活動 $X_{i,t}$ に及ぼすパワーの寄与の割合は，次式で与えられるパワー寄与率で定義できる．

$$\gamma_{ij}(f) = \frac{|\{A(f)^{-1}\}_{ij}|^2 \Sigma_{jj,p}}{S_{ii}(f)} \tag{5.5}$$

これによって，空間点 i の神経活動 $X_{i,t}$ が異なった空間点 j における神経活動 $X_{j,t}$ に依存する割合を，動的活動の周波数成分毎に求めることができるとともに，活動の流れの方向も推定できる．このように，自己回帰モデルを用いて，光学的測定データのパターン時系列解析をすることによって，皮質間の神経活動の機能的な結合関係が推定できる可能性が生まれる．前にも触れたように，多変量自己回帰モデルはもともと定常な時系列に対して提案されたものであるが，非定常な時系列の場合にも系列間の相互関係が定常であればその解析に有効に用いられることが期待される．本例ではこの考えに立った適用を考えている．

5.7 神経活動の相関と結合

脳の皮質における認識機能が神経活動の同期的共鳴現象で説明がつくとした実験結果が多く報告されている．ネコやサルの視覚野において，同じ向きに選択性をもつ (同じ方向のエッジやバーを呈示したときにそれぞれ応答する) 異なった場所での神経細胞の間には，40Hz 周辺の同期的共鳴現象が観察されている．これは，多数の神経細胞に埋め込まれ，符号化されている多数のパターンの中から特定のパターンを想起するときに，同期的共鳴という時間的な情報で結合された神経細胞群が，活動する他の細胞群から分離されるという考えである．ランダムな動きをする背景の中で，特定の周期で動く複数の物体が同期して動く場合には，その動きが鮮明に浮かび上がって見える現象に対応すると説明されている．理論面でもこのような考えにもとづいたモデルが提案されている．これは皮質に疎くスパースに分布して活動する神経細胞を結合し符号化が行われるとする「スパース符号化」(甘利 1993) のアイディアの一つとも考えられる．

このような情報の符号化と情報処理機能の関係を調べるために，皮質の異なった点における神経活動 (インパルス頻度) の間の相関に関心が払われるようになってきた．多くの実験では，共鳴の同期性を皮質の 2 点の単一神経細胞間の神経活動の相関の大きさによって議論している．しかし，このような議論には大きな問題が含まれている．いま測定された神経細胞 A，B の間には直接の結合がなく，測定されていない神経細胞 C と神経細胞 A および神経細胞 B との間の結合が強い場合を想定しよう．この場合，測定された神経細胞の活動からは A，B 間に強い相関が存在することにもなり得る．このように，相関関数から導かれる結論は，いわば虚の神経回路を探り出す恐れを包含している．

我々の実験例を示そう．4kHz のバースト音に応答する光学測定データ (図 5.6) から隣り合わせの 5 点の画素出力を異なった 2 方向でそれぞれ選び，神経活動の周波数毎の相関の強さを得るために各周波数帯における成分間の相関係数の 2 乗に相当するコヒーレンシィを求めると図 5.9 のようになる．ある時間断面での応答領野 (丸の大きさは応答の強さを意味する) の中から，吻尾側に 5 点，領野 (5, 7), . . . , (9, 7) の時系列データを選び，それぞれの相互のコヒーレンシィを式 (5.4) のスペクトル密度演算により導出した．図で示す神経活動の 0–100Hz

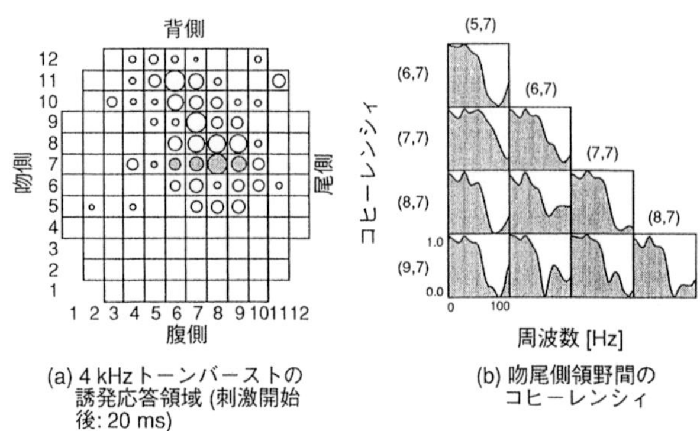

図 5.9 4kHz バースト誘発応答の皮質領野間のコヒーレンシィ

の周波数帯のコヒーレンシィでは，いずれのコヒーレンシィも低周波数側でほぼ1に近い値である．これらそれぞれ5点の皮質の神経活動は低周波側では強い相関を持つことから，これらの神経細胞群間では結合が強いと推定しがちである．しかし，この推定は正しくないことが，次節のパターン時系列解析によって明らかになる．

5.8 皮質神経結合の推定

光学的に聴覚野で観察できた周波数に選択的な神経細胞群にも，視覚の認識活動について単一神経細胞のインパルス間で観察されたと同様な共鳴現象が存在する可能性が考えられる．光学的測定で得られたデータは，音刺激に応答する皮質下の神経細胞組織の活動電位の総和である．皮質聴覚野の神経活動にはモジュール性がみられることから，光学的測定による誘発応答データのもつ動的な性質は，単一の神経細胞の活動電位のインパルス頻度に含まれる動的な性質を表現するであろう．このように考えると，前節で述べたパターン時系列解析によって，共鳴現象の発生源となる皮質部分の特定や神経情報の伝達経路の推定の可能性が期待できる．

コヒーレンシィの解析と同様に，4kHz バースト音の応答領野で吻尾側に5点 (5, 7), . . . , (9, 7) の時系列データを選び式 (5.1) で示した多変量自己回帰モデルをあてはめた．このときの，加算の試行回数は4回，0.2 ミリ秒のサンプル時間，200 ミリ秒間のデータを用いている．図 5.10 はこれらの PSD 及びパワー寄

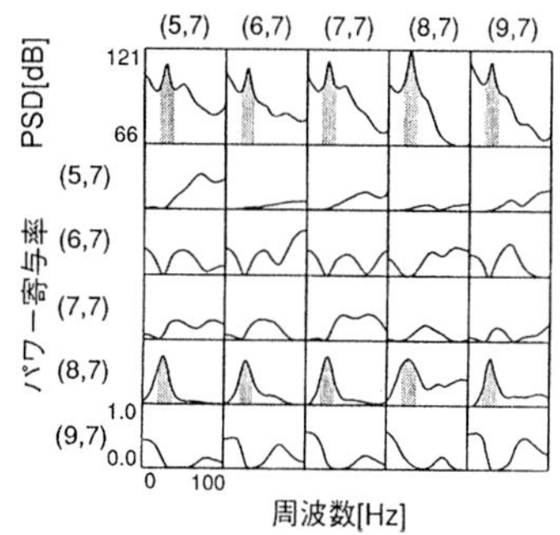

図 5.10　4kHz バースト誘発応答のパターン時系列解析，吻尾側の 5 点 (図 5.9) の MAR 解析，PSD およびパワー寄与率の推定

与率を示している．AIC から求めたモデルの次数 p は 18，モデルの残差の共分散行列 Σ_p の非対角項は，対角項が 1 になるように正規化した場合，最大で約 0.18 であった．

PSD は 30Hz 近くで強いピーク値を示す．このことから，聴覚皮質における神経細胞群野活動に視覚皮質に見られたような共鳴現象が見られることが示唆される．同図で PSD の下方の列方向には，その神経活動群の PSD のそれぞれの領域の活動からのパワーの寄与率をが図示されている．この図から，神経細胞群の共鳴現象の起因となっているのは皮質の位置 (8, 7) であり，その寄与の割合はいずれの位置においても 0.7～0.8 に達していることがわかる．このことは，皮質領域 (8, 7) における神経活動が，これらの皮質位置での神経活動に支配的であり，領域 (8, 7) から吻尾方向の領域に一方向性の神経伝達が行われていると解釈できる．このように，先のコヒーレンシィの解析で求まった領域間での強いコヒーレンシィは，必ずしも領域間の直接的な結合を意味しないことがわかる．この結果は，皮質領野間の神経活動の単純な相関関係の計測値だけによって，それらの領域の神経細胞間の結合の有無を論じてきたこれまでの議論には多くの疑問があることを明らかに示している (福西他 1992; Fukunishi et al. 1995).

皮質の領野間の結合に関する興味ある解析結果について触れておこう．周波数に選択性を示す神経細胞群の活動領野は，図 5.6 からもわかるように，吻尾側と背腹側では応答の分布の広がり方が異なっている．そこで，上記 4kHz バー

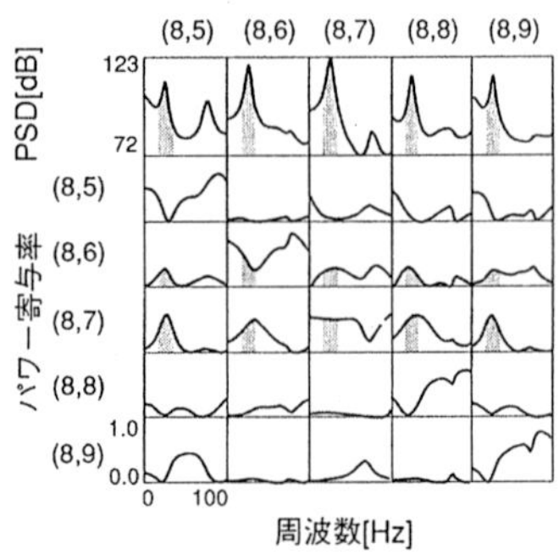

図 5.11 4kHz バースト誘発応答のパターン時系列解析，背腹側の 5 点 (図 5.9) の MAR 解析，PSD およびパワー寄与率の推定

スト音の応答領野で，上記吻尾側と領野 (8, 7) で交差する背腹側の 5 点のデータを選び，同様にパターン時系列解析を行った．図 5.11 はこれら領野 (8, 5), ..., (8, 9) における神経細胞群の活動の PSD およびパワーの寄与率である．吻尾側の解析結果と同様に，各領域における神経活動は 30Hz 近くの周波数で共鳴的であることがわかる．ところが，得られたパワーの寄与率の意味するところには，吻尾側の結果とは異なった特徴がみられる．背腹側では，パワーの寄与率が支配的な領域は単一でなく，分散している．領域 (8, 7) および (8, 6) のパワーの寄与率が大きく，これらの領域の神経活動が他の領域の神経細胞群に情報を伝達し活動を引き起こしていることが示唆される．また，この 2 領野の神経細胞群は相互の方向の伝達経路で結合されているが，他の領野にはそれぞれ一方向の伝達経路で結合されているものと言える．この結果から，神経活動は皮質の吻尾側と背腹側では機能的な神経結合のパターンが異なることが推定できた．

4kHz バースト音の応答野の他の領域についても同様な時系列解析を行うと，おおよそこのような神経伝達経路の関係が見られた．また，図 5.6 で示した 1kHz バースト音の応答領野での解析結果でも，ほぼ同様な知見が得られている (Fukunishi et al. 1993)．これらの解析結果を総合的に考慮すると，図 5.7 で描いた聴覚野皮質の音声情報処理の神経活動パターンにおいて，音の周波数に選択性を示す神経細胞群では，神経細胞のモジュール間の機能的結合関係は，大局的には図 5.12 のような概念図で示すことができる．

このように，光学的測定で計測した脳の聴覚皮質の時空間神経活動を多変量

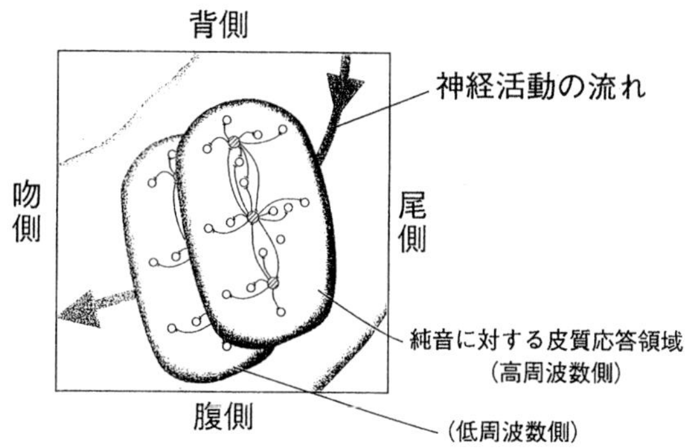

図 5.12 モルモット聴覚皮質 (AI) のトノトピシティ(周波数選択性の神経細胞群の並び)をつくる神経回路網の概念 (実験データのパターン時系列解析からの推定)

自己回帰モデルを用いパターン時系列解析することによって，聴覚情報処理システムの動的構造や機能的結合の解明に一つの新しい可能性が見いだされた．ここではモデルの次元を限定し，繰り返しパラメータを求め，その結果を総合的に判断している．一般にモデルのパラメータ空間は別の次元のモデルでは構造が保持されないことが知られている．このことから，厳密な解析のためには全空間点の応答に対する一つのモデルを求め，考察することが必要である．数百次元のモデルにも対応できるパターン時系列解析技法の開発が求められている．

5.9 あとがき

最近，脳における高次情報処理の重要課題である情報の符号化に関連して，神経活動の雑音特性 (インパルス頻度の時間特性) の重要性が注目されている．これには計測やデータ解析技術の高度化により，脳の皮質に分布した神経細胞のダイナミックな活動の計測が可能となってきたことが寄与している．脳における神経情報処理活動の具体的な姿が，やっと少しずつ見えるようになってきた，とも言える．

本章では，このような脳における高次情報処理活動を理解するための新しい技術である光学計測による動物の皮質聴覚野の神経活動の時空間観察と，多変量自己回帰モデルを用いた時空間データの解析による皮質間の神経細胞の機能的結合の推定の試みについて紹介している．もとより，本章で述べた光計測法は，開発途上の技術であり，現在多くの研究機関で神経活動の精緻な観察のための研究が行われている．また，光計測の結果のパターン時系列解析については他に例は見あたらず，紹介した多変量自己回帰モデルによって得られた結果を，異なった立場から比較検討することも今後の課題である．しかし，このような神経活動の動的解析法が，今後，多くの批評や新しい技法の提案によって，洗練され，脳の高次情報処理機能を理解する方法として確立されていくものと考えている．

[福西 宏有]

文　献

赤池弘次, 中川東一郎 (1992), ダイナミックシステムの統計的解析と制御, サイエンス社.

Akaike, H. (1974), " A new look at the statistical model identification," *IEEE Transactions on Automatic Control*, AC-19, 716–723.

甘利俊一 (1993), 神経回路網理論, 生体の科学, 44 (5), 562-563.

Fukunishi, K. (1977), "Diagnostic analysis of a nuclear power plant using multivariate autoregressive processes," *Nuclear Science and Engineering*, Vol. 62, 215–225.

福西宏有 (1992 a), 光学的多点計測による脳神経活動の観察, 計測と制御, 31, 306–311.

福西宏有 (1992 b), 電位感受性色素を用いた脳の聴覚野の観察, 日本音響学会誌, Vol. 48, 313–319.

Fukunishi, K., Murai, N., Uno, H. (1992), "Dynamical characteristics of the auditory cortex of Guinea pig observed with multichannel optical recording," *Biological Cybernetics*, Vol. 67, 501–509.

福西宏有，村井伸行，宇野宏幸 (1992), 聴覚脳における神経活動の共鳴現象の解析, 第7回生体生理工学シンポジュウム論文集, 計測自動制御学会, 393–398.

Fukunishi, K., Murai, N., Uno, H. (1993), "Cortical neural networks revealed by spatiotemporal neural observation and analysis on Guinea pig auditory cortex," *Proceedings of 1993 International Joint Conference on Neural Networks*, IJCNN-93-Nagoya, 73–76.

Fukunishi, K., Murai, N. (1995), "Temporal coding mechanism of Guinea pig auditory cortex as revealed by optical imaging and its pattern time series analysis," *Biological Cybernetics*, Vol. 62, 463–473.

伊藤正男 編 (1991), 脳と思考, 紀伊国屋書店.

本稿を執筆するにあたり，共同研究者である村井伸行氏および福西研究グループの諸氏に深謝する．

マッケイ, D. M. (1993), ビハインド・アイ—脳の情報処理から何を学ぶか, 金子 訳, 新曜社.

松本修文 (1992), 40 ヘルツ波による共鳴結合の仮説, 生命の科学, Vol. 43, No. 1, 25–29.

村井伸行, 福西宏有, 宇野宏幸 (1993), 脳の神経活動計測システム, 計測自動制御学会論文誌, Vol. 29, 876–882.

菅乃武男 (1990), 音波情報を処理するコウモリの神経機構, サイエンス, Vol. 20, No. 10, 74–83.

塚原仲晃 編 (1984), 脳の情報処理, 朝倉書店.

6

金融資産価格変動の時系列分析

6.1　はじめに

1980年代後半の株式のバブルが，90年代に入るとともに崩壊したことにより，「株式のような価格変動性の大きいリスク資産に依存した資産運用は，大きな損失を被る危険性を内包している」ということが金融機関や機関投資家の間で改めて認識され，リスク管理と運用効率の改善を図ることが重要な課題となっている．

解決策の1つとして，数値による客観的評価が可能という観点から計量分析に基づく科学的な資産運用手法が期待されている．計量分析に基づく科学的な資産運用手法を成功させるためには，不確実性をもつ株価や債券価格などの金融資産価格の変動の中に，なんらかの規則性を見出し，その背後のメカニズムを推定することが重要である．金融資産価格変動の時系列分析は，その変動の背後にある本質的なメカニズムを理解し，資産価格の将来動向を予測するための手がかりを与えることになる．

6.2　金融資産価格の非定常性

1980年1月から93年12月までの期間におけるTOPIX (東証株価指数) の推移を図6.1に示す．TOPIXは，1968年1月4日を基準時とし，その基準時の東証一部上場企業全体の時価総額を100として，各時点の時価総額の相対的な水準を示す指標である．明らかにTOPIXはトレンドを持ち定常時系列としては

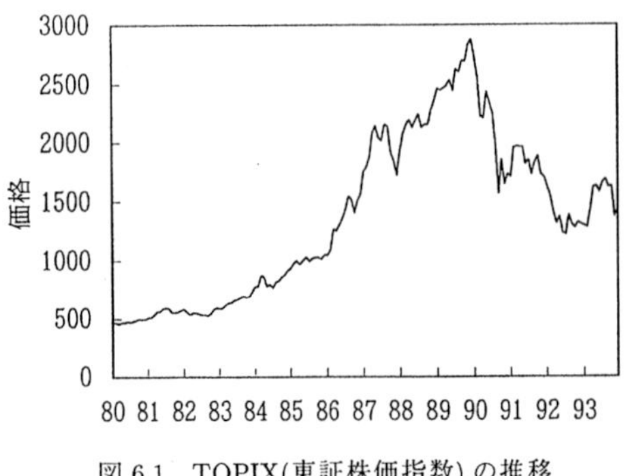

図 6.1　TOPIX(東証株価指数) の推移

取扱えないことがわかる．一般に株価をはじめとして金融資産価格の変動は，期間ラグが大きくなっても，自己相関が急速にゼロに近づかず，非定常な時系列である場合が多い．従って，それらに定常時系列モデルを適用しても高い精度の予測値を得ることは難しいと考えられる．予測精度の高い株価モデルを求めるには，トレンドを考慮した非定常モデルを用いる必要がある．

これまでのトレンド推定においては，データの変動パターンを観察し，当てはまりが良さそうな単純な関数や多項式を仮定し，回帰分析によりトレンドを決定する方法が用いられてきたが，それらは，えてして恣意的な方法になりがちであった．

恣意性を回避したトレンドの推定方法として，Kitagawa-Gersch (1983, 1984) による方法が挙げられる．この方法は Akaike (1980) のベイズモデルに基づくもので，(1) トレンドを確率過程に従う変動としてとらえる，(2) モデルのトレンド成分はベイズ的な方法による先験的な情報に基づいて定式化する，(3) モデルを推定する際にはトレンドと同時に循環変動や季節変動など他の変動要素も推定できる，という特徴がある．前もってトレンドのモデルを仮定する点は，従来の方法と類似するものの，トレンドを確率過程として考え，AR 系列，季節変動，不規則変動など他の変動要素を同時に決定すること，および，情報量規準 AIC を用いてモデルの客観的な評価を行う点で大きく異なる．

6.2.1　非定常モデルの構成

ここでは非定常モデルの構成について説明する．いま，時点 t における週次の株価 P_t が，トレンド Tr_t，循環変動 V_t および不規則変動 ε_t から構成される

と仮定すると，その株価モデルは，

$$P_t = Tr_t + V_t + \varepsilon_t \tag{6.1}$$

と記述できる．ただし，トレンド Tr_t は，緩やかに推移する確率過程に従う変動と仮定し，2 階の階差モデル

$$Tr_t = 2Tr_{t-1} - Tr_{t-2} + W_{1t} \tag{6.2}$$

に従うとする．また，循環変動 V_t は k 次の AR モデル

$$V_t = \sum_{i=1}^{k} \alpha_i V_{t-i} + W_{2t} \tag{6.3}$$

に従うものと仮定する．

(6.1) 式〜(6.3) 式から，時点 t における株価 P_t は，状態空間表現を用いて，

$$\begin{aligned} X_t &= FX_{t-1} + GW_t \\ P_t &= HX_t + \varepsilon_t \end{aligned} \tag{6.4}$$

のように表すことができる．ただし，$W_t=(W_{1t},\ W_{2t})'$ と ε_t は，平均がゼロ，分散共分散が未知で，互いに独立で正規分布に従う確率変数である．なお，$'$ は，転置行列を示す．また，X_t は株価変動システムを表す直接的には観測されない状態ベクトルである．F，G，H は次のような形をしている．

$$\begin{aligned} F &= \begin{bmatrix} F_1 & 0 \\ 0 & F_2 \end{bmatrix}, \quad G = \begin{bmatrix} G_1 & 0 \\ 0 & G_2 \end{bmatrix}, \\ H &= \begin{bmatrix} H_1 & H_2 \end{bmatrix} \end{aligned} \tag{6.5}$$

ただし，F_1，G_1，H_1 はトレンド成分，F_2，G_2，H_2 は循環変動成分に関する係数行列である．

例として 2 次の AR モデルの場合，状態ベクトルは $X_t = [Tr_t, Tr_{t-1}, V_t, V_{t-1}]'$ となり，株価モデルの状態空間表現は，

$$\begin{aligned} \begin{bmatrix} Tr_t \\ Tr_{t-1} \\ V_t \\ V_{t-1} \end{bmatrix} &= \begin{bmatrix} 2 & -1 & 0 & 0 \\ 1 & 0 & 0 & 0 \\ 0 & 0 & \alpha_1 & \alpha_2 \\ 0 & 0 & 1 & 0 \end{bmatrix} \begin{bmatrix} Tr_{t-1} \\ Tr_{t-2} \\ V_{t-1} \\ V_{t-2} \end{bmatrix} + \begin{bmatrix} 1 & 0 \\ 0 & 0 \\ 0 & 1 \\ 0 & 0 \end{bmatrix} \begin{bmatrix} W_{1t} \\ W_{2t} \end{bmatrix} \\ P_t &= \begin{bmatrix} 1 & 0 & 1 & 0 \end{bmatrix} X_t + \varepsilon_t \end{aligned} \tag{6.6}$$

のように表される．ただし，W_{1t}，W_{2t}，ε_t は，

$$\begin{bmatrix} W_{1t} \\ W_{2t} \\ \varepsilon_t \end{bmatrix} \sim N\left(\begin{bmatrix} 0 \\ 0 \\ 0 \end{bmatrix}, \begin{bmatrix} \tau_1^2 & 0 & 0 \\ 0 & \tau_2^2 & 0 \\ 0 & 0 & \sigma^2 \end{bmatrix}\right) \tag{6.7}$$

で，それぞれの期待値がゼロ，分散 τ_1^2，τ_2^2，σ^2 が未知で互いに独立な正規分布に従う確率変数である．

状態空間モデル (6.4) 式とパラメータ $\theta = (\tau_1^2, \tau_2^2, \sigma^2, \alpha_1, \alpha_2)$ が与えられると，状態変数 X_t はカルマンフィルタによって推定できる．(6.4) 式の状態空間モデルで表されたシステムが与えられた時，$t-1$ 期の状態の推定値 $X_{t-1|t-1}$ とその分散共分散 $S_{t-1|t-1}$ から，t 期の状態の予測値 $X_{t|t-1}$ とその分散共分散 $S_{t|t-1}$ は，

$$\begin{aligned} X_{t|t-1} &= FX_{t-1|t-1} \\ S_{t|t-1} &= FS_{t-1|t-1}F' + GQG' \end{aligned} \tag{6.8}$$

で求められる．ここで，Q はシステムのノイズ W_t の分散共分散行列である．

次に，(6.9) 式で示すカルマンゲイン K を用いて，t 期の状態変数 $X_{t|t}$ とその分散共分散 $S_{t|t}$ がフィルタリングにより計算される．

$$\begin{aligned} K &= S_{t|t-1}H'(HS_{t|t-1}H' + R)^{-1} \\ X_{t|t} &= X_{t|t-1} + K(P_t - HX_{t|t-1}) \\ S_{t|t} &= (I - KH)S_{t|t-1} \end{aligned} \tag{6.9}$$

ただし，I は単位行列である．また，初期ベクトル $X_{0|0}$ の各成分は 0 とし，初期分散共分散行列 $V_{0|0}$ として，自己回帰成分に対応する部分にはモデルから計算された定常分布，トレンド成分に対応する対角成分には十分に大きな値，その他の成分には 0 を用いた．

カルマンフィルタを用いると，状態空間モデルの対数尤度関数は，

$$\ell(\theta) = -\frac{T}{2}\log 2\pi - \sum_{t=1}^{T}\log r_t - \frac{1}{2}\sum_{t=1}^{T}\frac{(P_t - HX_{t|t-1})^2}{r_t} \tag{6.10}$$

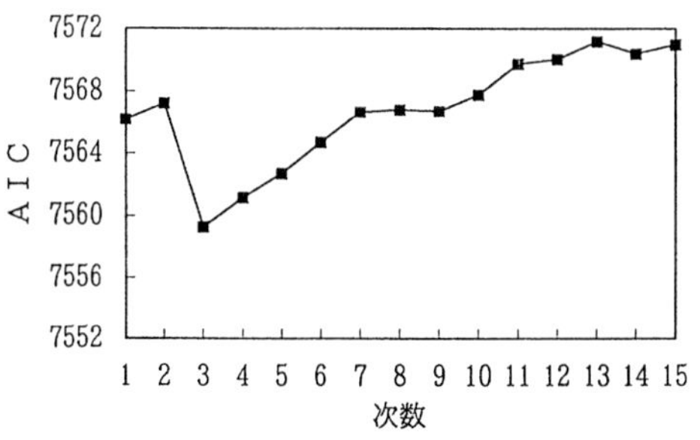

図 6.2 AR 次数と AIC の値の推移

で与えられる (北川 1993). ただし, $r_t = HS_{t|t-1}H' + \sigma^2$ である. (6.10) 式の対数尤度を最大化することにより, パラメータ θ の最尤推定値 $\widehat{\theta}$ を求めることができる.

さらに情報量規準

$$\mathrm{AIC} = -2\ell(\widehat{\theta}) + 2(\theta\text{の次元}) \tag{6.11}$$

を最小化することにより, モデルの次数を選択することができる.

6.2.2 非定常モデルの株価変動への適用

いままで述べてきた Kitagawa-Gersch の非定常モデルをトヨタ自動車の株価変動に適用し, 株価変動特性を分析してみよう.

循環変動成分に関しては 1 次から 15 次までの AR モデルを推定することにする. AR モデルの次数と AIC の値の関係は, 図 6.2 に示すような結果となる. AIC の値が最小となる $k=3$ のモデルを用いて推定されたトレンドと株価, AR 成分および不規則変動成分のそれぞれの時間的推移を図 6.3 ～ 図 6.5 に示す. 株価トレンドは, 1980 年代において多少の調整期間がありながらも基本的には上昇傾向であった. 特に 86 年から 89 年にかけてのバブル時代と呼ばれる期間ではその上昇速度が 80 年代の前半よりも高まっていることがみてとれる. しかし, 一般にバブルの崩壊と呼ばれるように 90 年代に入ってから 92 年に底を打つまでは株価トレンドは下降傾向を辿った. また, 株価トレンド回りの循環変動成分に関しては, バブル時代の株価トレンド上昇過程でボラティリティ(変動幅) が増大している. 不規則変動成分においても同様な傾向がみられる.

次に, この推定した株価トレンドに関してそのファンダメンタルな意味 (経

図 6.3 トヨタ自動車の株価とトレンドの推移

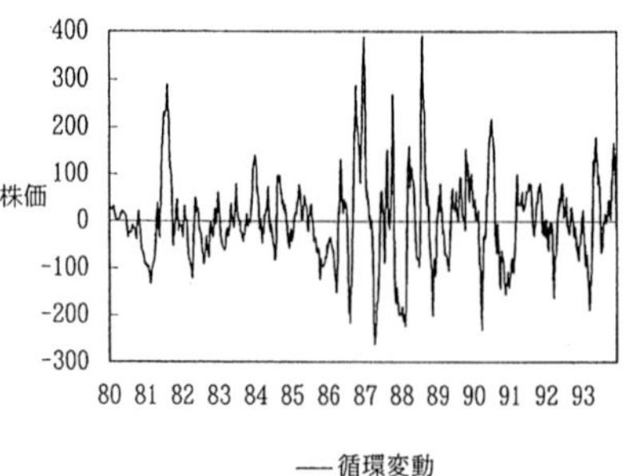

図 6.4 トヨタ自動車の株価トレンド回りの循環変動成分の推移

済の基礎的条件から説明できる部分) を調べた結果を示す. 図 6.6 は, 推定したトレンドの毎年 6 月 31 日を基準とした年次変化率とトヨタ自動車 (93 年度まで 6 月末が年度決算) の営業利益, 経常利益, 当期利益の年度変化率の推移を示したものである. この図から株価トレンドの変化が, 企業利益の変化よりも 1 年先行して, ほぼ同じパターンで推移していることがわかる. つまり, 株価トレンドの変化は, 7 月 1 日から始まる新年度からその翌年度の企業利益の変化と関係が強いことがわかる. このような株価の企業利益に対する先行性は, 赤池 (1954, p.56) による各時点における各企業の株価と期末利益率とのクロスセクション的な相関分析の結果にも明瞭に認められている.

したがって, もしトヨタ自動車の新年度の株価トレンドの年次変化率につい

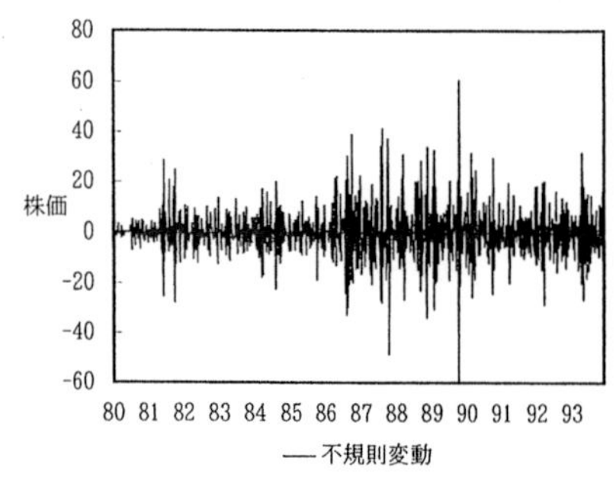

図 6.5 トヨタ自動車の株価の不規則変動成分の推移

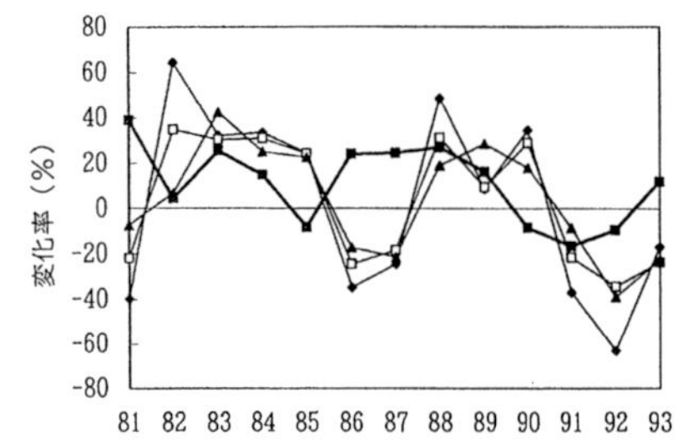

図 6.6 推定したトレンドの変化率と企業利益の変化率の関係

ての方向性を予測しようとするならば，新年度の利益予測値だけでなく，その翌年度の企業利益の予測値が必要とされる．両年度の企業利益を予測できる場合には，株価トレンドの変化を予測することが可能となる．株価トレンドの変化率の情報は，1年以上の資金運用期間をもつ投資家にとっては，その株式に投資すべきかどうか，そして，どの程度の期間にわたってそれを保有しておけば良いのかを決定する上での貴重な判断材料となる．

さらに，ここで推定した株価変動モデルを用いれば，トレンド成分とトレンド回りの循環的な変動を表すAR成分に分解できるので，AR成分で示されるトレンド周りの循環変動に関する予測情報から，短期間の投資タイミングに対する判断材料をも提供することができる．このような利用の仕方については，次節の6.3.2の末尾で触れる．

6.3 多変量時系列モデルによる解析

これまでトヨタ自動車の株価を例に1変量の時系列分析を述べてきたが，現実には株価をはじめとして金融資産価格は，同時点でまたは期間ラグを伴って多くの要因の影響を受け変動しており，それらの要因とのクロスセクション的な相関関係，および，時系列的な相関関係を伴って変動していると考えられる．1変量自己回帰モデル(ARモデル)などの時系列モデルでは過去の自らの変動以外の要因からの影響を明示的に考慮していないので，他の要因との関係を把握することができない．

複数の要因との関係をも考慮できるようにARモデルを拡張したものとして，多変量自己回帰モデル(Vector Autoregressive Model, VARモデル)

$$X_t = \sum_{\ell=1}^{M} A_\ell X_{t-\ell} + \varepsilon_t \tag{6.12}$$

がある．ただし，A_ℓ は $a_l(i,j)$ を (i,j) 成分とする $m \times m$ 行列で自己回帰係数行列と呼ばれる．ε_t は m 次元白色雑音(ホワイトノイズ)で，

$$E(\varepsilon_t) = \begin{bmatrix} 0 \\ \vdots \\ 0 \end{bmatrix}, \quad E(\varepsilon_t \varepsilon_t') = \begin{bmatrix} \sigma_{11} & \cdots & \sigma_{1m} \\ \vdots & \ddots & \vdots \\ \sigma_{m1} & \cdots & \sigma_{mm} \end{bmatrix} = U \tag{6.13}$$

$$E(\varepsilon_t \varepsilon_s') = O, \quad (t \neq s)$$
$$E(\varepsilon_t X_s') = O, \quad (t > s) \tag{6.14}$$

を満たす．O は全ての成分が 0 の $m \times m$ 行列を表し，U は対称行列で $\sigma_{pq} = \sigma_{qp}$ が成り立つ．

$m \times m$ 行列のパワースペクトル $P(f)$ を，

$$P(f) = \begin{bmatrix} p_{11}(f) & \cdots & p_{1m}(f) \\ \vdots & \ddots & \vdots \\ p_{m1}(f) & \cdots & p_{mm}(f) \end{bmatrix} \tag{6.15}$$

で定義すると，VAR モデルに従う時系列データの場合，そのクロススペクトルは，

$$P(f) = A(f)^{-1} W (A(f)^{-1})^* \tag{6.16}$$

により求めることができる．ただし，A^* は行列 A の複素転置を表し，$A(f)$ は (j,k) 成分が，

$$A_{jk}(f) = \sum_{\ell=0}^{M} a_\ell(j,k) e^{-2\pi i \ell f} \tag{6.17}$$

で表される $m \times m$ の行列を示す．また，$a_0(j,j) = -1$，$a_0(j,k) = 0$ ($j \neq k$ のとき) とする．

白色雑音 ε_t の各成分が互いに無相関のとき，第 i 成分のパワースペクトルは，

$$p_{ii}(f) = \sum_{j=1}^{m} |\, b_{ij}(f) \,|^2 \, \sigma_j^2 \tag{6.18}$$

で表すことができる．ただし，$\sigma_j^2 = \sigma_{jj}$，$b_{ij}(f)$ は，$A(f)$ の逆行列の (i,j) 成分である．

$$r_{ij}(f) = \frac{|\, b_{ij}(f) \,|^2 \, \sigma_j^2}{p_{ii}(f)} \tag{6.19}$$

で表される $r_{ij}(f)$ は，$X_t(i)$ の周波数 f における変動のうち $\varepsilon_t(j)$ に起因する割合を表し，赤池のパワー寄与率 (相対パワー寄与率) と呼ばれる．また，パワー寄与率を累積した値は，累積相対パワー寄与率と呼ばれる．ちなみに，$|b_{ij}(f)|^2 \sigma_j^2$ は，第 i 成分のパワースペクトルのうち第 j 成分のノイズによる部分を表しており、絶対パワー寄与率と呼ばれる．

次項では，VAR モデルを用いて個別銘柄の株価変動間の相互関係を分析した実証結果を解説する．

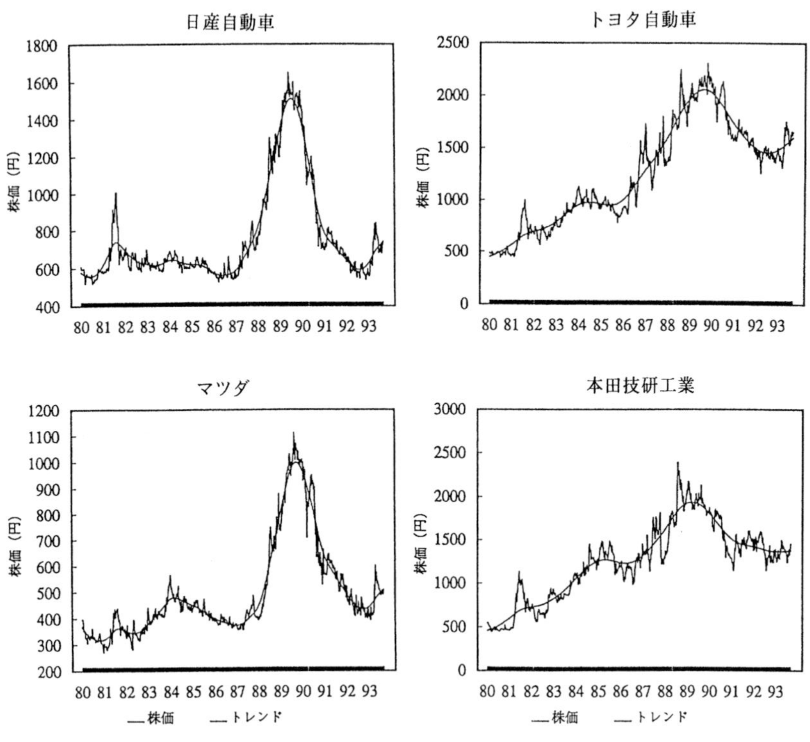

図 6.7　各自動車メーカーの株価とトレンドの推移

6.3.1　VAR モデルによる個別銘柄の株価変動分析

前節では，Kitagawa-Gersch の非定常モデルを用いてトヨタ自動車の株価変動をトレンド成分，トレンド回りの循環的な変動成分，不規則変動成分に分離し，トレンド成分のファンダメンタルな意味を調べたが，ここでは同じ方法により各系列をトレンド成分とトレンド回りの変動成分に分解し，トレンド回りの変動成分に焦点をあて，多変量の解析を行うことにする．個別銘柄株価のトレンド回りの変動成分が他の銘柄の株価変動からどのように影響を受けているのかを調べるために VAR モデルを適用する．

分析対象は，1980 年 1 月第 1 週から 1993 年 8 月第 4 週までの期間の日産自動車，トヨタ自動車，マツダ，本田技研工業の 4 社の週次の個別銘柄株価 (終値) である．各銘柄の株価とトレンド成分の推移を図 6.7 に示す．この図から株価トレンドは，日産自動車とマツダ，トヨタ自動車と本田技研工業が類似していることがわかる．

図6.8は，各銘柄の株価トレンド回りの変動成分から得られた4変量VARモデルを用いて求めたパワースペクトルと絶対パワー寄与率を示す．パワー寄与率の議論ではホワイトノイズ項の成分間の無相関の仮定が基本的である．この例の場合は最大で(トヨタ自動車と本田技研の場合) 0.6程度の相関が見られ，この仮定が成立するとは言い難いが，以下ではこの仮定が成り立つものとみなして計算を行っている．

図6.9は累積相対パワー寄与率を示すが，いずれの図も上から順に本田技研工業，マツダ，トヨタ自動車，日産自動車の寄与分を表す．累積相対パワー寄与率をみた場合，トヨタ自動車と本田技研工業に関しては，どの周波数においても自己の株価変動成分の寄与が大きく占め，他の銘柄からの影響は，殆ど受けていないことがわかる．日産自動車については，パワースペクトルが最大となる低周波領域(0～0.025，周期40週以上)において，本田技研工業の相対パワー寄与(約10～40%)があり，マツダについてもパワースペクトルが最大となる周波数(0.042，周期24週程度)において，日産自動車の相対パワー寄与が最大20%，本田技研工業の相対パワー寄与が低周波領域で約5～20%である．このことは，これらの銘柄のトレンド回りの株価変動成分が，他の銘柄の変動からの影響を受けたことを示唆している．

以上の実証分析結果から，これら自動車メーカー4社の株価トレンド回りの変動間の相互関係について，従来知られていなかった新しい知見が得られた．これが市場のどのような構造を表現するものであるかについては，更に詳しい分析が必要である．

なお，株価のような経済時系列データに対する実証分析では，得られた結果がデータのサンプリング間隔や分析期間に大きく依存する点に注意する必要がある．ここで得られた分析結果は1980年1月第1週から1993年8月第4週までの週次データに対して得られたものである．銘柄間の株価変動の相互作用がどのようなものなのかを把握するには，さらにデータのサンプリング間隔や分析期間をいろいろ変えて分析すると同時に，市場の構造に即した解釈を発展させる必要がある．

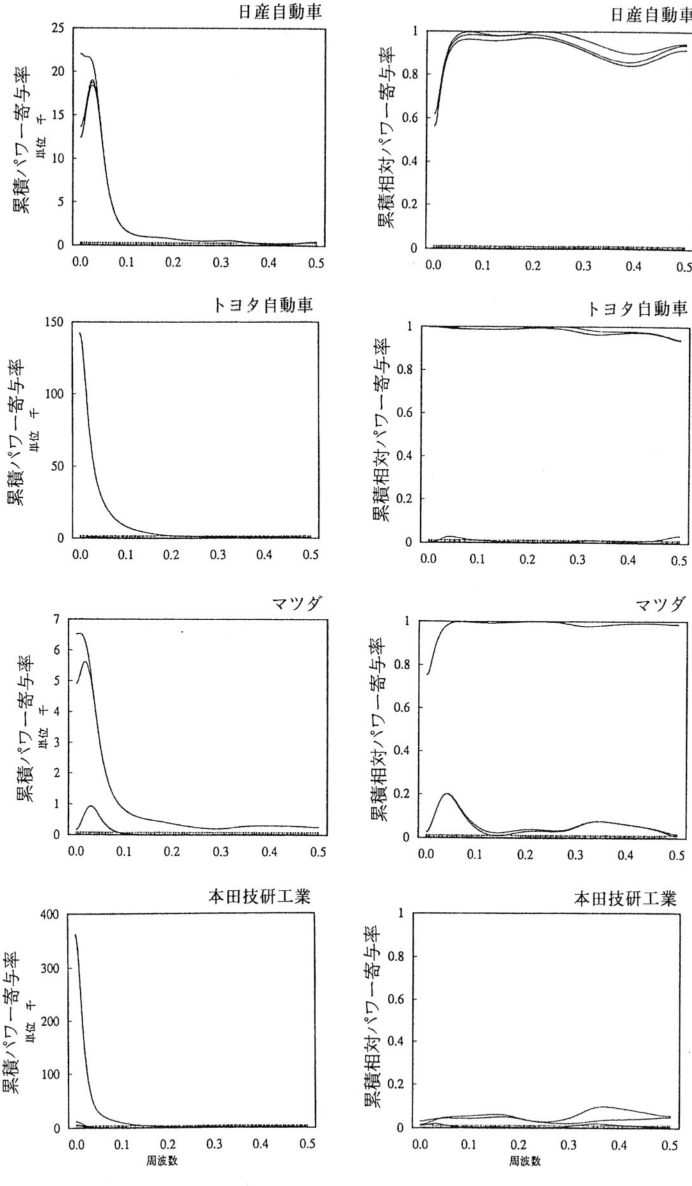

図 6.8 株価トレンド回り成分のパワースペクトル

図 6.9 累積相対パワー寄与率

6.3.2　業種別指数の解析と予測

一般に，株式市場ではある特定の属性を共通とする銘柄グループは，類似した株価変動パターンを示すことが観察される．このような現象が生じた原因は，なんらかの銘柄グループ共通要因が株価形成に影響を及ぼしたからであると考えられる．

そこで，この項では産業業種が異なる銘柄グループの株価，とりわけ株価トレンド回りの変動がどのように互いに影響し合ってきたかを分析してみよう．分析対象としては個別銘柄の株価ではなく，東証 33 業種別分類中の次の業種別指数とした．すなわち，(1) 建設，(2) 鉄鋼，(3) 非鉄・金属，(4) 機械，(5) 輸送用機器，(6) 精密機器，(7) 電力・ガス，(8) 陸運，(9) 海運の 9 業種別指数である．

このように業種別指数を選択した理由は，他業種の株価変動がある特定の業種銘柄の株価変動に影響を与える共通要因であるならば，個別銘柄の時価総額加重平均である業種別指数の方が，個別銘柄株価の場合よりも他業種の株価変動からの影響による価格変動をより検出しやすいと想定したからである．なぜならば，業種別指数の場合は，個別銘柄の固有要因による株価変動が銘柄間である程度相殺され，共通要因により生じた株価変動部分が反映されると考えられるからである．分析内容としては，前項の個別銘柄と同様に非定常モデルを用いて業種別指数の変動をトレンド成分とトレンド回りの変動成分に分離し，VAR モデルを用いて業種別指数のトレンド回りの変動が他の業種別指数のトレンド回りの変動からどのように影響を受けたのかを調べる．

まず最初に分析対象の 9 業種別指数のそれぞれの 1983 年 1 月第 1 週から 1994 年 5 月第 4 週までの週次の価格 (終値)，および，トレンド成分の推移を図 6.10 に示す．図 6.11 は，各業種別指数のトレンド回りの変動成分のパワースペクトルと絶対パワー寄与率を示す．この場合についても，個別銘柄の場合と同様ホワイトノイズ項の成分間の無相関性については，やや問題があるが，近似的に無相関性が成り立つものと仮定して以下の計算を行った．また，図 6.12 は累積相対パワー寄与率を示すが，いずれの図も，上から順に海運，陸運，電力・ガス，精密機器，輸送用機器，機械，非鉄・金属，鉄鋼，建設の寄与分を表す．そして，それぞれの業種別指数のパワースペクトルが最大となる周波数における

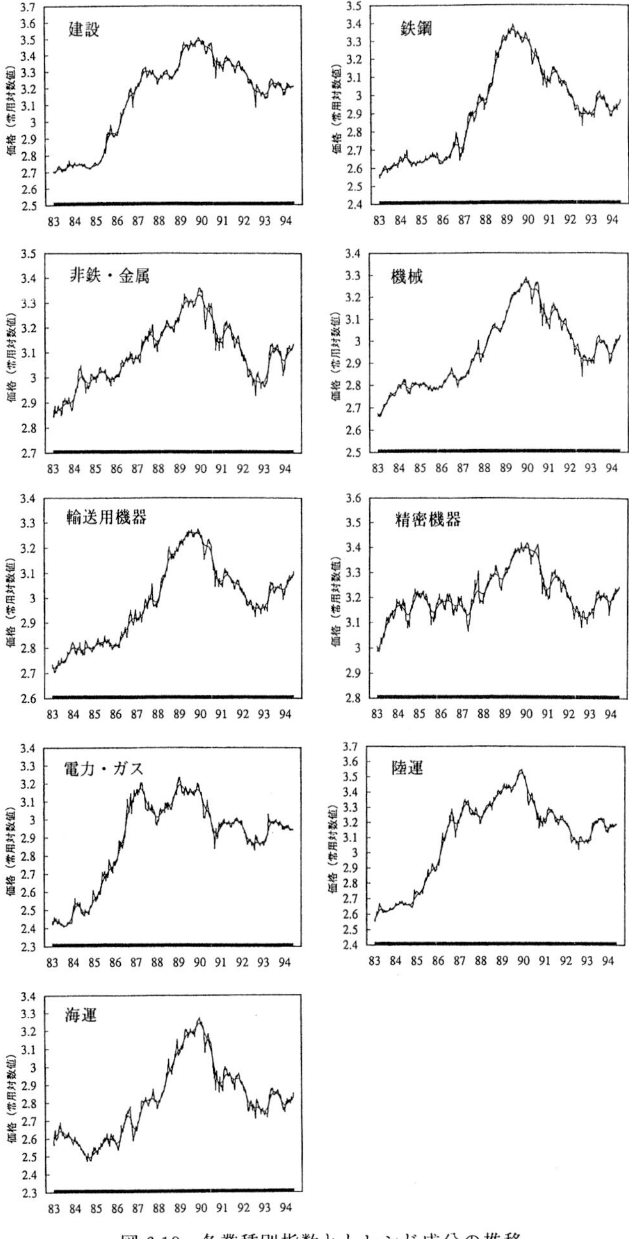

図 6.10　各業種別指数とトレンド成分の推移

表 6.1 相対パワー寄与率の高い業種間の関係

	建設	鉄鋼	非鉄金属	機械	輸送用機器	精密機器	電力ガス	陸運	海運
建設	0.80	0.09	0.07	0.01	0.15	0.01	0.20	0.21	0.10
鉄鋼	0.01	0.53	0.01	0.14	0.17	0.06	0.07	0.09	0.21
非鉄・金属	0.00	0.03	0.37	0.05	0.01	0.05	0.04	0.04	0.00
機械	0.02	0.07	0.04	0.39	0.07	0.19	0.19	0.06	0.04
輸送用機器	0.00	0.06	0.23	0.07	0.42	0.08	0.07	0.03	0.29
精密機器	0.02	0.03	0.22	0.17	0.04	0.40	0.01	0.02	0.12
電力・ガス	0.03	0.00	0.03	0.01	0.02	0.00	0.30	0.01	0.02
陸運	0.10	0.05	0.05	0.00	0.02	0.05	0.05	0.44	0.08
海運	0.02	0.12	0.00	0.16	0.11	0.15	0.07	0.10	0.13
周波数	0.050	0.042	0.035	0.042	0.050	0.040	0.042	0.042	0.042

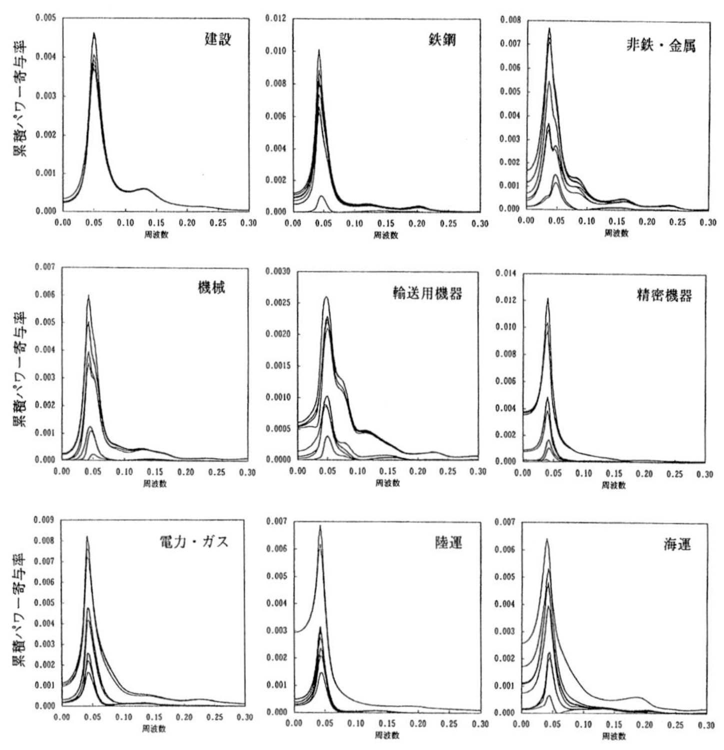

図 6.11 トレンド回り成分のパワースペクトル

各業種別指数の相対パワー寄与率を表 6.1 に示す．ほとんどの業種別指数でパワースペクトルが 0.04～0.05 の周波数領域で最大値をとる．すなわち，これは，各業種別指数のトレンド回りの変動成分が主として 20 週～25 週間の周期で変動していることを示している．図 6.11，6.12 とこの表により業種別指数間の影響に関して次の点が把握されよう．

1) 海運業以外の業種別指数は自己の固有変動成分が最大である．

2) 建設，鉄鋼，機械，輸送用機器，精密機器，海運業種別指数の変動成分が

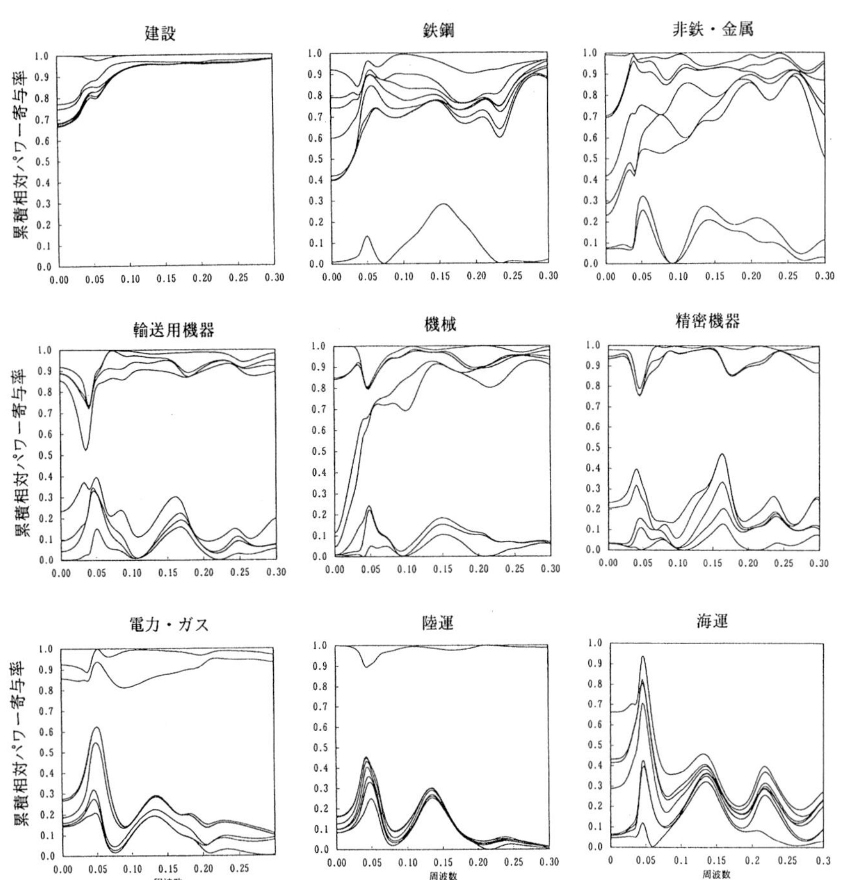

図 6.12　累積相対パワー寄与率

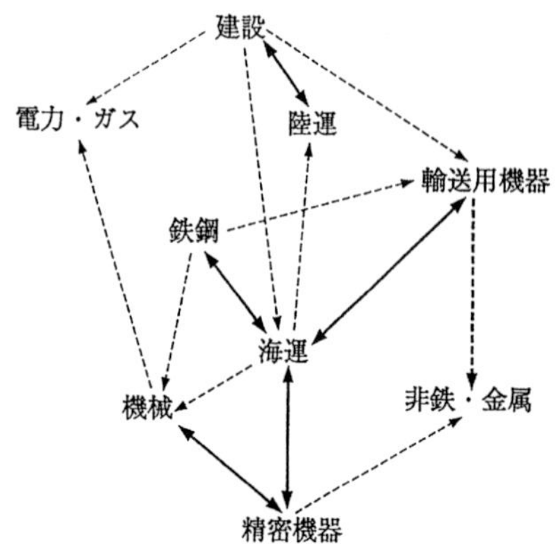

図 6.13　トレンド回りの株価変動における業種間の関係

他の業種別指数に与える影響は大きいが，逆に，非鉄・金属，電力・ガス業種別指数の変動成分が他の業種別指数に与える影響は小さい．

3) 表 6.1 に基づき各業種別指数で相対パワー寄与率が 10%以上の業種間の影響を図示したのが図 6.13 である．この図から海運業種別指数は他の多くの業種別指数から影響を受けると共に他の業種別指数に影響を与えていることがわかる．

4) また，製品の輸出比率が高い輸送用機器や精密機器業種の業種別指数が海運の業種別指数と相互に影響し合っており，さらに非鉄・金属業種別指数に対して両業種別指数とも影響を与えている．

5) 公共投資に企業収益が影響を受ける建設や陸運業種の業種別指数間や加工産業に含まれる機械や精密機器業種の業種別指数間が相互に影響し合っている．

以上の実証分析結果から，業種別指数間，ひいては各業種別指数を構成する個別銘柄の株価変動間において相互に影響を及ぼし合う関係や他方に影響を与える関係があることが理解される．このようにして確認された相互関係は，株式市場の経済学的理解の今後の発展に寄与するものと思われる．

最後に，実務的に極めて興味があると思われることから，VAR モデルを用いて各業種別指数のトレンド回りの変動の予測を行った結果を図 6.14 に示す．予

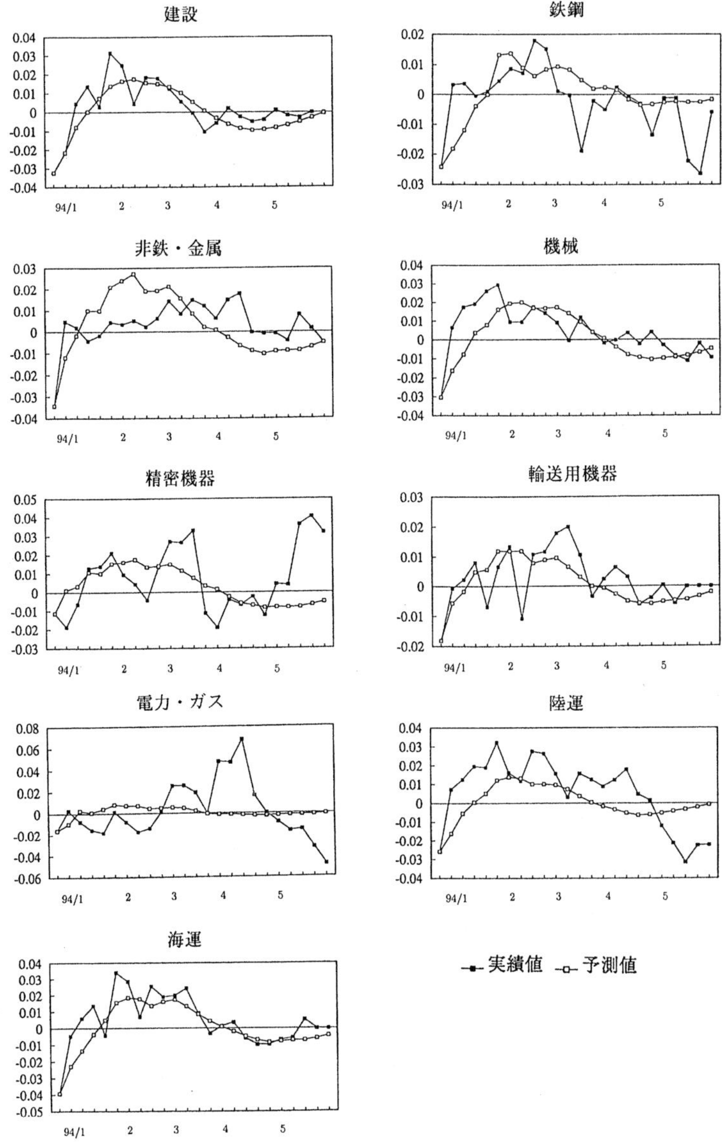

図 6.14 各業種別指数のトレンド回りの変動予測

測期間は1994年1月第1週からであり，建設，機械，陸運，海運などの業種別指数については短期間において良好な予測結果が得られている．

6.4 結び

これまで金融・証券データの時系列分析において自己回帰モデルを代表とする定常過程を前提とした時系列モデルが頻繁に使用されてきた．ところが，一般に株価変動をはじめ金融資産価格の変動は，トレンドを持った非定常時系列である場合が多く，定常過程を前提とした時系列モデルの適用には限界がある．Kitagawa-Gerschによる非定常モデルは，さまざまなモデル形式が適用可能であるという柔軟性，モデル推定における客観性，さらに，本書で示したVARモデルとの組合わせなどの発展性を備え，金融資産価格の変動メカニズムを解明していく上での1つの有効な方法を与えるものである．

今後，経済・金融領域の国際化と自由化が進展し，年金，生保や投資信託などの運用機関を取り巻くリスクが多様化，複雑化していく中で，金融資産価格の変動に対する時系列モデルの研究は，一層重視されて行くであろう．

[津田 博史]

文 献

赤池弘次 (1954), 系列現象の統計的解析–II, 株価変動の統計的解析, 統計数理研究所彙報, 第1巻, 第2号, 47–62.

赤池弘次, 中川東一郎 (1972), ダイナミックシステムの統計的解析と制御, サイエンス社.

Akaike, H. (1971), "Autoregressive model fitting for control," *Annals of the Institute of Statistical Mathematics*, Vol. 23, 163–180.

Akaike, H. (1974), "A new look at the statistical model identification," *IEEE Transactions on Automatic Control*, Vol. AC-19, 716–723.

Akaike, H. (1980), "Likelihood and the Bayes procedure", *Bayesian Statistics,* J. M. Bernardo, M. H. De Groot, D. V. Lindley, and A. F. M. Smith, eds., University Press, Spain, 143–166.

有本 卓 (1978), カルマン・フィルター, 産業図書.

Gersch, W. and Kitagawa, G. (1983), "The prediction of time series with trends and seasonalities," *Journal of Business and Economic Statistics*, Vol. 1, 253–264.

廣松 毅, 浪花貞夫 (1990), 経済時系列分析, 朝倉書店.

片山 徹 (1983), 応用カルマンフィルタ, 朝倉書店.

刈屋武昭 (1986), 計量経済分析の考え方と実際, 東洋経済新報社.

北川源四郎 (1989), 非ガウス型時系列モデリング, オペレーションズ・リサーチ, Vol. 34, No. 10, 541–546.

北川源四郎 (1993), FORTRAN77 時系列解析プログラミング, 岩波書店.

Kitagawa, G. and Gersch, W. (1984), "A smoothness priors-state space modeling of time series with trend and seasonality," *Journal of the American Statistical Association*, Vol. 79, No. 386, 376–389.

浪花貞夫 (1985), 経済時系列におけるトレンド推定—ベイズ的接近, 金融研究, 日本銀行金融研究所, 第 4 巻, 第 4 号.

津田博史 (1992), 株価変動に対する非定常モデルの応用, 新しい時系列解析の理論と応用シンポジウム.

津田博史 (1994), 非定常モデルによる株価変動の予測, 応用経済時系列研究会.

津田博史 (1994), 株式の統計学, 朝倉書店.

山本 拓 (1988), 経済の時系列分析, 創文社.

山本 拓 (1990), VAR モデル, 金融・証券計量分析の基礎と応用, 刈屋武昭編, 4 章, 東洋経済新報社.

7

経済時系列の動的特性の解析

7.1　はじめに

経済学は，人々の経済的厚生水準の向上にどの程度役に立ち得るかについて有効性が問われる．規範科学 (Normative Science) および実証科学 (Positive Science) としての両側面を持ち，現実の経済に対して規範的な観点から判断を下し，政策提言を行う役割を持つ一方，経済に関するメカニズムを現実のデータで実証的に明らかにしていかなければならない．経済理論は各時代特有の経済現象への対処を中心に発展させられるだけに，新しい理論に置き換えられる必要性の発生する可能性も高い．したがって，実証分析が重要な意味を持つことになる．経済学が経験科学と呼ばれる所以である．

実証分析の対象として取りあげられる経済データは時系列データであることが多く，時間の推移にともない不規則に変動している．また集計された経済データについては，利用可能な標本数が限られ統計上の誤差も少くない．このような特徴を持つ経済データを実証分析に使用するために統計的な手法が利用されている．その典型的な例が計量経済学であり，そこでは経済学，統計学および数学の知識を基にした手法により経済分析の方法を体系化している．しかし，たとえば Mankiw (1990) のように，マクロ計量モデルおよび伝統的なマクロ経済学は実証および理論の両面で近年破綻し，混乱，分裂と動揺の時代に入っていると述べているものもある．分析対象となる経済行動ないし現象の多様化，あるいは経済理論自体の急速な変化にもかかわらず，伝統的な計量経済分析の方法はさほど大きく変わっていないことが指摘されている．伝統的な計量経済分析における大型計量モデルによる政策分析についても，その信が問われる状態となった．

このような状況の下で，1970 年代以降，確率過程を基礎とした時系列モデルの利用が注目されている．時系列モデルによる分析のポイントは，対象とするシステムを動的なフィードバックの関係のなかでとらえることであり，この方法は経済システムの分析に応用可能である．経済現象の背後に存在する人間の行動自体が，外生的なショックのほかに各時点における期待や意欲等により大きく左右されるものであることを考慮すると，経済現象を数値化した系列である経済データの動きを，動的なフイードバック関係のなかで捉えようとすることは自然である．

現実の経済動向を把握する場合，トレンドを考慮しつつトレンドの回りの変動を分析する必要がある．従来は単純にトレンドを直線と想定して，その回りを廻る循環的な動きの分析を試みることが多かったが，Havenner and Swamy (1978) の指摘にもあるように，長期的なトレンド自体を確率過程としてとらえることも必要になる．さらに経済システムに構造的な変化が生じている場合には，経済構造変化の時点を探り，その前後の動向について考察を加えることも実証分析の重要な対象となる．

以下では，経済時系列のトレンドおよびトレンドの回りの動的な変動の分析に，最新の時系列解析方法を適用した結果を報告する．

7.2　経済時系列のトレンドとトレンドの回りの変動

経済変数のトレンドやトレンドの回りの変動は，経済活動の傾向や循環的な動きを反映している．そのため，主要な変数の動きの特性をとらえることは，経済システム解析の予備的な分析として重視される．ここでは Kitagawa and Gersch (1984, 1985) によるモデルを適用して，トレンドおよびトレンドの回りの循環的な動きの統計的な特性が時間とともに変化することを想定して推定することを試みる．この方法の特徴は，先験的な情報によるベイズ的な接近 (赤池 1986, Akaike 1980) を取り入れていることである．

7.2.1 トレンドの変化の推定

いま，時点 n において観測される値 y_n は，傾向(トレンド)要因 t_n，循環(短期変動)要因 x_n，季節要因 s_n および不規則な要因 v_n が加法的に結合されていると考え

$$y_n = t_n + x_n + s_n + v_n \tag{7.1}$$

で表す．トレンドは滑らかに変化するという事前情報を確率定差方程式

$$\nabla^k t_n = v_{1n}, \quad v_{1n} \sim N(0, \tau_1^2) \quad i.i.d. \tag{7.2}$$

で表す．ただし $i.i.d.$ は各変数が独立に同一の分布に従うことを示す．∇ は階差オペレータ $\nabla t_n = t_n - t_{n-1}$，$k$ は階差の次数，v_{1n} は正規白色雑音である．トレンドの滑らかさの度合いは k および τ_1^2 に依存する．x_n は循環要因で p 次の自己回帰モデル

$$\begin{aligned} x_n &= \alpha_1 x_{n-1} + \alpha_2 x_{n-2} + \cdots + \alpha_p x_{n-p} + v_{2n} \\ v_{2n} &\sim N(0, \tau_2^2) \quad i.i.d. \end{aligned} \tag{7.3}$$

に従うとする．季節要因 s_n は, 毎年ほぼ同様のパターンで繰り返しつつ徐々に変化するものとし，年間の総和はゼロに近いという先験的な情報を利用し

$$\begin{aligned} s_n &= -(s_{n-1} + s_{n-2} + \cdots + s_{n-L+1}) + v_{3n} \\ v_{3n} &\sim N(0, \tau_3^2) \quad i.i.d. \end{aligned} \tag{7.4}$$

で表す．L は季節周期で，季節性の変化は正規確率項 v_{3n} で与える．

これらの要因は状態空間モデル

$$\begin{aligned} z_n &= F z_{n-1} + G v_n \\ y_n &= H z_n + w_n \end{aligned} \tag{7.5}$$

で表現される．z_n は状態ベクトルで，F，G，H は係数行列，v_n, w_n は正規確

率項で，次式で表される．

$$F = \left[\begin{array}{cccc|cccc|cccc} C_1 & \cdots & C_{k-1} & C_k & & & & & & & & \\ 1 & \cdots & 0 & 0 & & \multicolumn{2}{c}{\mathbf{0}} & & & \multicolumn{2}{c}{\mathbf{0}} & \\ \vdots & \ddots & \vdots & \vdots & & & & & & & & \\ 0 & \cdots & 1 & 0 & & & & & & & & \\ \hline & & & & \alpha_1 & \cdots & \alpha_{p-1} & \alpha_p & & & & \\ & \multicolumn{2}{c}{\mathbf{0}} & & 1 & \cdots & 0 & 0 & & \multicolumn{2}{c}{\mathbf{0}} & \\ & & & & \vdots & \ddots & \vdots & \vdots & & & & \\ & & & & 0 & \cdots & 1 & 0 & & & & \\ \hline & & & & & & & & -1 & \cdots & -1 & -1 \\ & \multicolumn{2}{c}{\mathbf{0}} & & & \multicolumn{2}{c}{\mathbf{0}} & & 1 & \cdots & 0 & 0 \\ & & & & & & & & \vdots & \ddots & \vdots & \vdots \\ & & & & & & & & 0 & \cdots & 1 & 0 \end{array}\right]$$

$$G = \left[\begin{array}{ccc} 1 & 0 & 0 \\ 0 & 0 & 0 \\ \vdots & \vdots & \vdots \\ 0 & 0 & 0 \\ \hline 0 & 1 & 0 \\ 0 & 0 & 0 \\ \vdots & \vdots & \vdots \\ 0 & 0 & 0 \\ \hline 0 & 0 & 1 \\ 0 & 0 & 0 \\ \vdots & \vdots & \vdots \\ 0 & 0 & 0 \end{array}\right], \quad z_n = \left[\begin{array}{c} t_n \\ \vdots \\ t_{n-k+1} \\ \hline x_n \\ \vdots \\ x_{n-p+1} \\ \hline s_n \\ \vdots \\ s_{n-L+2} \end{array}\right], \quad v_n = \left[\begin{array}{c} v_{1n} \\ v_{2n} \\ v_{3n} \end{array}\right], \tag{7.6}$$

$$H = \left[\begin{array}{ccccccccccccc} 1 & 0 & \cdots & 0 & 1 & 0 & \cdots & 0 & 1 & 0 & \cdots & 0 \end{array}\right]$$

ただし $C_i\ (i = 1, \cdots, k)$ はトレンドの次数 k に応じて定まる定数である．

7.2.2 トレンドの回りの振れの変化の動的な表現

トレンドの回りの振れ(循環的な動き)の特性の変化は時変自己回帰モデルで表現される．いま，N 個のサンプルから推定した時点 n のトレンドを $t(n|N)$ とするとき，原系列 y_n からトレンドを除去した系列

$$z_n = y_n - t(n|N) \tag{7.7}$$

の時変係数自己回帰モデルを

$$z_n = \sum_{i=1}^{m} a_{i,n} z_{n-i} + \varepsilon_n, \quad \varepsilon_n \sim N(0, \sigma^2) \quad i.i.d. \tag{7.8}$$

とする．$a_{i,n}$ は時点 n とともに変化する自己回帰係数，m はモデルの次数，ε_n は平均ゼロ，分散 σ^2 の白色雑音である．時変自己回帰係数は滑らかに変化すると考え

$$\nabla^k a_{i,n} = \delta_{i,n}, \quad \delta_{in} \sim N(0, \tau^2) \quad i.i.d. \tag{7.9}$$

で表す．k は階差の次数，$\delta_{i,n}$ は平均ゼロ，分散 τ^2 の確率項である．時変係数自己回帰モデル (7.8) および係数変化のモデル (7.9) は状態空間モデルを用いて表現される．状態ベクトルを

$$x_n = [a_{1,n}, \ldots, a_{m,n}, \ldots, a_{1,n-k+1}, \ldots, a_{m,n-k+1}]' \tag{7.10}$$

とすると ($'$ は転置を表す) 状態空間表現は

$$x_n = \begin{bmatrix} a_{1,n} \\ \vdots \\ a_{m,n} \\ a_{1,n-1} \\ \vdots \\ a_{m,n-1} \\ \vdots \\ a_{1,n-k+1} \\ \vdots \\ a_{m,n-k+1} \end{bmatrix} = \begin{bmatrix} C_1 I_m & \cdots & C_{k-1} I_m & C_k I_m \\ I_m & \cdots & 0 & 0 \\ \vdots & \ddots & \vdots & \vdots \\ 0 & \cdots & I_m & 0 \end{bmatrix} \begin{bmatrix} a_{1,n-1} \\ \vdots \\ a_{m,n-1} \\ a_{1,n-2} \\ \vdots \\ a_{m,n-2} \\ \vdots \\ a_{1,n-k} \\ \vdots \\ a_{m,n-k} \end{bmatrix} + \begin{bmatrix} I_m \\ 0 \\ \vdots \\ 0 \end{bmatrix} \begin{bmatrix} \delta_{1,n} \\ \vdots \\ \delta_{m,n} \end{bmatrix}$$

$$z_n = [\overbrace{z_{n-1}, \ldots, z_{n-m}}^{m}, \overbrace{0, \ldots, 0}^{(k-1)\times m}]\, x_n + \varepsilon_n \tag{7.11}$$

で与えられる．ただし，C_i は係数行列，I_m は $m \times m$ の単位行列である．このモデルでは自己回帰係数は緩やかに変化すると仮定しているが，部分的にシステムノイズ $\delta_{i,n}$ の分散を増大させると，その時点でステップ状の変化も許容される．緩やかに変化するモデルとステップ状の変化を示すモデルのいずれが適切かは情報量規準 AIC で判断する．

(7.8) のモデルが推定されると，時間の推移に伴う周期特性の変化は，時変スペクトル

$$p_{f,n} = \frac{\sigma_n^2}{\left|1 - \sum_{j=1}^{m} a_{j,n} \exp(-2\pi i j f)\right|^2}, \qquad (-1/2 \leq f \leq 1/2) \tag{7.12}$$

を用いて図示すると直観的に理解できる．

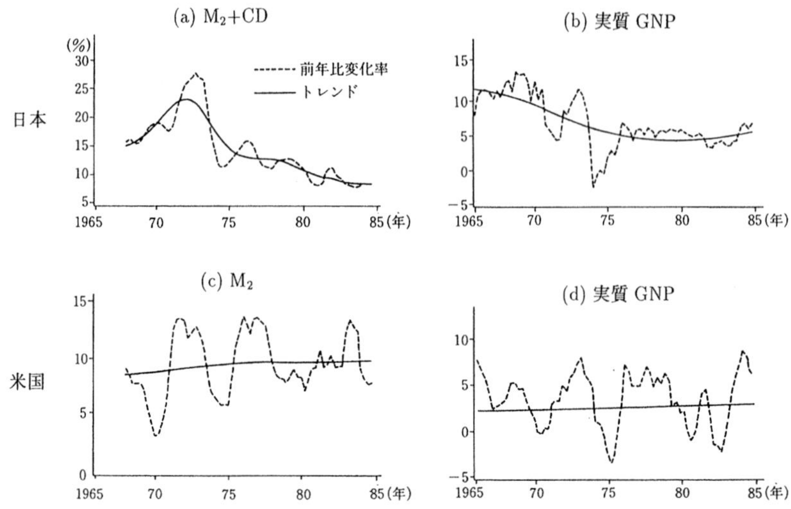

図 7.1　日本および米国におけるマネーサプライと実質 GNP の変化率とトレンド

7.2.3　分析例：日本と米国における実質 GNP とマネーサプライ

1970 年代以降の日本における経済成長率の安定的な推移を，マネーサプライの変動の安定化によるものとし，一方，米国ではマネーサプライの大幅な変動が経済成長率の振れを大きなものとしたという主張がある．Friedman (1985) をはじめ，いわゆるマネタリストが主張したものであるが，日米両国の実質 GNP およびマネーの時系列の変動の特性を端的にとらえたものと考えられる．これらの主張を (7.1) および (7.2) で示したモデルを適用して検討する．

図 7.1 は，1960 年代から 1980 年代にかけての日本と米国における実質 GNP と通貨供給量の変化率とその傾向 (トレンド) を示している．図 7.2 は，傾向の回りの循環的な動きが時間の推移に伴って変化する様子を表している．図 7.2 の縦軸は周期成分の強度を，また横軸は周波数 (周期の逆数で右の方が短い周期) を表している．この図は，日本の通貨供給量 (M_2+CD) は，1970 年代半ばまでは中短期の周期成分の動きが大きく，1973–4 年頃には長周期成分が急激に増加したがその後徐々に減少していること，また実質 GNP も 1970 年代半ばまでは大きな振れがみられたが，以後は大幅に減少していることを示している．両経済指標にみられる 1970 年代半ばのステップ状の変化は，その発生時期か

ら見ると，通貨供給量の変動が安定する方向に構造的なシフトが発生し，その後 GNP に安定化の方向で構造的なシフトが現れたことを示唆している．一方，米国の通貨供給量 (M_2) には変動が縮小する傾向はみられず，実質 GNP についても，長期的にはトレンドは比較的安定した推移を示しながら大きな循環的な振れが認められることが特徴的である．

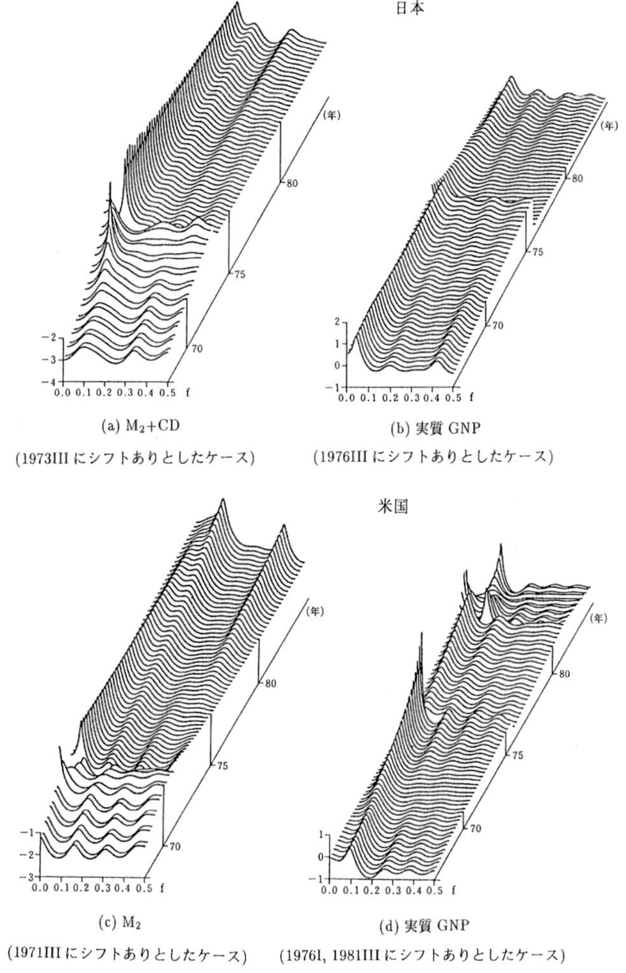

図 7.2 日本および米国におけるマネーサプライと実質 GNP の周期成分の変化

これらの結果は，日本においては1970年代以降マネーサプライの変動が安定化するなかで実質GNPも安定化の方向に構造的シフトを起こしたことを示唆してはいるが，マネーサプライの安定化が実質GNPの安定化をもたらしたという「因果関係」を表すものとは必ずしもいえず，この逆の関係が存在する可能性も大きい(堀江，浪花 1990)．また，日本の通貨供給量の変動の中短期の周期成分が1980年代に入ってからやや増加していることなど，引き続き検討が必要な状況である．しかし，米国ではマネーサプライが安定化する方向での構造的なシフトは窺われず，実体経済活動も大きな変動を続けている様子がみられることから，1980年代頃まではマネタリストの主張を裏付ける動きとなっている．

7.3　トレンドの急激な変化の分析

7.3.1　非ガウス型モデル

観測値の大幅な変動を許容する時系列モデルとして，Kitagawa (1987) は非ガウス型状態空間モデルを導入した．このモデルでは，状態方程式の確率項 v_n および観測方程式の確率項 w_n はそれぞれ互いに独立であるとするが正規性は仮定しない．時点 $n-1$ の状態 x_{n-1} が与えられたときの状態ベクトル x_n の条件付分布を q とし，また x_n が与えられたときの観測値 y_n の条件付分布を r とすれば，状態空間モデルは一般的に

$$\begin{aligned} x_n &\sim q(\cdot|x_{n-1}) \\ y_n &\sim r(\cdot|x_n) \end{aligned} \tag{7.13}$$

で表される．この表現は前節のモデルを含む，より一般的なものとなる．

非ガウス型状態空間モデルに対して，予測分布，フィルタ分布，平滑化分布は次のように逐次的に求めることができる．

[一期先予測]

$$p(x_n|Y_{n-1}) = \int_{-\infty}^{\infty} q(x_n|x_{n-1})p(x_{n-1}|Y_{n-1})dx_{n-1} \tag{7.14}$$

[フィルタ]

$$p(x_n|Y_n) = \frac{r(y_n|x_n)p(x_n|Y_{n-1})}{p(y_n|Y_{n-1})} \tag{7.15}$$

ただし

$$p(y_n|Y_{n-1}) = \int_{-\infty}^{\infty} r(y_n|x_n)p(x_n|Y_{n-1})dx_n. \tag{7.16}$$

また，Y_m は観測値の集合 $Y_m = \{y_1, y_2, \ldots, y_m\}$ である．ここで，観測値全体の集合 Y_N が与えられたときの x_n と x_{n+1} の結合分布

$$p(x_n, x_{n+1}|Y_N) = \frac{p(x_{n+1}|Y_N)q(x_{n+1}|x_n)p(x_n|Y_n)}{p(x_{n+1}|Y_n)} \tag{7.17}$$

を考えて

[平滑化]

$$p(x_n|Y_N) = p(x_n|Y_n)\int_{-\infty}^{\infty} \frac{p(x_{n+1}|Y_N)q(x_{n+1}|x_n)}{p(x_{n+1}|Y_n)}dx_{n+1} \tag{7.18}$$

が得られる．

モデルが線形でガウス型であれば条件付分布は正規分布であり，平均と共分散の推定には，カルマンフィルタが利用できる．Kitagawa (1989) は高次元の非ガウス型の状態空間モデルに対して，ガウス分布の混合で近似するガウス和フィルタの利用を提案している．

7.3.2 日本と米国の株価変動の分析

株価の変動は，入手しうる情報がすべて利用されるという，効率的な市場を想定して分析が進められることが多いことからも想像されるように，外的な金融資産市場の裁定に関する情報も織り込まれ，傾向的な変動は安定しない．そこで Kitagawa の非ガウスモデルを適用して日米の株価変動を分析してみた．

株価は景気循環を反映して変動するが，循環の周期や振幅は日米とも時間とともに変化している．また近年では，日本と米国の変動の間の同時性が強まってきているとの見方もある．このような変動パターンを明確にとらえるためにガウス型モデルと非ガウス型モデルを用いて日本と米国の株価変動のトレンドを推定した結果が図 7.3 である．

非ガウス型モデルの推定においては次のような手順をとった．(1) モデルの次数，係数，分散などのパラメータの初期値をガウス型モデルで推定し，AIC を規準として選択する．(2) 非ガウス型モデルによる分析では，ノイズの分布を分散の異なる正規分布の加重和で表すため，分散の大きな正規分布に従う確率と分散の小さな正規分布に従う確率の組み合わせを変えて推定する．(3) 非ガウス型モデルの選択規準として AIC を使用する．

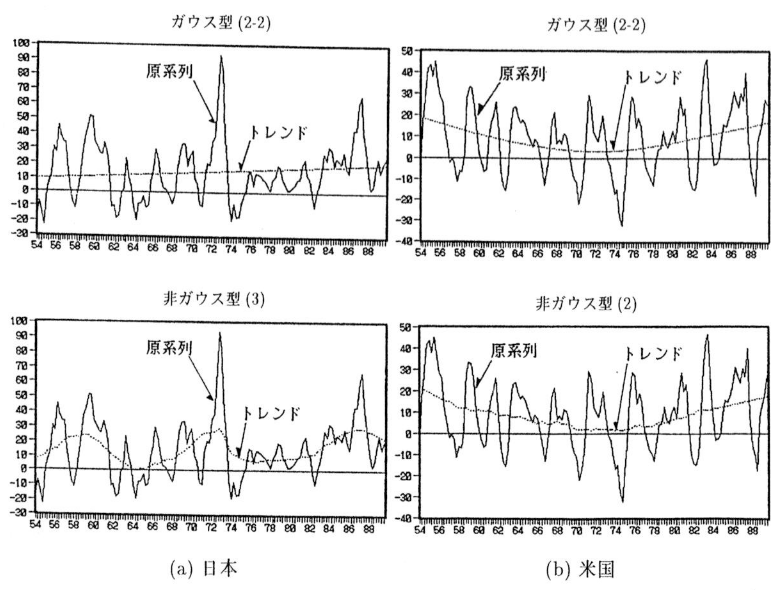

図 7.3　ガウス型モデルと非ガウス型モデルによるトレンド．かっこ内はトレンドおよび AR の次数

推定の結果をみると，日本の株価に関しては，ガウス型の場合やや長期的なトレンドが緩やかに変化するものとして推定しているのに対して，非ガウス型モデルでは急激な変化が示されている．このトレンドの急激な変化は，やや長い目でみたファンダメンタルズ (経済の基礎的条件) ないし経済の中期的な循環変動に対応するものと考察される．一方，米国については，非ガウス型の場合もガウス型と大差のない傾向を示しており，日本に比べて期間が長いとみられるトレンドの変化の特性を表している．非ガウス型モデルは，日本経済の中期的な成長力の変化あるいは景気上昇局面を描き出すトレンドを与えており，このモデルにより推定されたトレンドを使用することによって循環変動のパターンをより明確に捉え得る可能性を示している．

7.4 多変量時系列モデルによる経済システムの分析

7.4.1 経済システムと動的な特性

多くの要因がたがいに影響を及ぼし合う経済システムの表現としては多変量時系列モデルが用いられる．多変量時系列モデルでは，経済システムを構成する要因はたがいに関連しあう動的なフィードバックの関係にあることを前提としているから，あらかじめ内生変数(システムを構成する内部要因)あるいは外生変数(システムに外部から作用する要因)のような区別はしない．外生性はモデルによって分析される．

多変量モデルを用いれば，モデル内のフィードバックの関係を外した形でシステムの動きのある要因の影響を分析するシミュレーションを行い，政策的な含意を探ることも試みられる．Oritani (1981) は，マネーサプライ，物価および実質 GNP の 3 変数による多変量自己回帰モデルにより「インフレの成長抑圧効果」を示した．これは，マクロ経済政策に関して，高い物価上昇の容認が実質生産活動の引き上げを導くとする議論に対して，マネーサプライの増加によるインフレの山が高ければ生産活動低下の谷も深くなることを示した実証分析である．さらにマネーサプライの伸び率を変えたときの実体経済活動に与える影響を検討するシミュレーションも試みており，日本における「インフレの成長抑圧効果」を，各変数の動的な動きを通じて示している．また，堀江，浪花 (1990) では，金融経済環境の変化に伴う金融と実体経済との関係および日本・米国等主要国の株価変動の分析に，多変量自己回帰モデルを適用している．

予測精度の高い多変量モデルが得られれば，経済システムにおける制御の問題への応用が考えられる．これは，予想される将来の動向に対してどのような政策をとるべきかという問題を取り扱うもので，たとえば，政策主体と民間主体との関係，あるいは政策手段が複数のときの政策手段相互の関係などを分析することができる．これについては廣松，浪花 (1990) に示してある．なお，多変量自己回帰モデルにもとづくシミュレーションを通じて日本経済の構造を制御の視点から検討した例が Akaike (1989) によって与えられている．

7.4.2 非定常多変量モデル

前項で紹介した多変量自己回帰モデルの適用例においては，必要に応じて個々の原系列からそれぞれのトレンドを除いて近似的に定常化した系列を用いている．これに対して，非定常な経済時系列を直接処理するために Kato, Naniwa and Ishiguro (1993) は次のようなモデルの利用を考察している．

いま，k 次元の観測時系列ベクトルを y_n とすると

$$y_n = (y_{1n}, \dots, y_{kn})', \quad (n = 1, \dots, N) \tag{7.19}$$

であり，(7.1) 式以下の議論はベクトルの場合に拡張できる．たとえば4半期系列の場合の状態ベクトルは，2 変数モデル ($k = 2$) で，トレンドの階差の次数 (d) を 2，自己回帰の次数 (m) を 2 とすれば，季節周期 (L) が 4 となり

$$\begin{aligned} z_n \;=\; & (x_{1n}, x_{2n}, x_{1n-1}, x_{2n-1}, t_{1n}, t_{1n-1}, t_{2n}, t_{2n-1}, \\ & s_{1n}, s_{1n-1}, s_{1n-2}, s_{2n}, s_{2n-1}, s_{2n-2})' \end{aligned} \tag{7.20}$$

で与えられる．(7.5) 式の係数行列は

$$F = \left[\begin{array}{c|c|c}
\begin{array}{cccc} a_{111} & a_{121} & a_{112} & a_{122} \\ a_{211} & a_{221} & a_{212} & a_{222} \\ 1 & 0 & 0 & 0 \\ 0 & 1 & 0 & 0 \end{array} & \mathbf{0} & \mathbf{0} \\ \hline
\mathbf{0} & \begin{array}{cccc} 2 & -1 & & \\ 1 & 0 & & \\ & & 2 & -1 \\ & & 1 & 0 \end{array} & \mathbf{0} \\ \hline
\mathbf{0} & \mathbf{0} & \begin{array}{cccccc} -1 & -1 & -1 & & & \\ 1 & 0 & 0 & & & \\ 0 & 1 & 0 & & & \\ & & & -1 & -1 & -1 \\ & & & 1 & 0 & 0 \\ & & & 0 & 1 & 0 \end{array}
\end{array}\right]$$

$$G' = H = \left[\begin{array}{cccc|cccc|cccccc} 1 & 0 & 0 & 0 & 1 & 0 & 0 & 0 & 1 & 0 & 0 & 0 & 0 & 0 \\ 0 & 1 & 0 & 0 & 0 & 0 & 1 & 0 & 0 & 0 & 0 & 1 & 0 & 0 \end{array}\right] \tag{7.21}$$

となる．状態方程式の確率項ベクトルは

$$V_n = (\, v_{x1n}\ v_{x2n}\ v_{t1n}\ v_{t2n}\ v_{s1n}\ v_{s2n}\,)' \tag{7.22}$$

と与えられる．(7.21) 式の a_{ijm} は，i 番目の変数で j 番目の変数にかかる次数 m の自己回帰係数，v_{pqn} は，時点 n における要因 p ($p = x, t, s$: x 自己回帰要因，t トレンド要因，s 季節要因) の q 番目の変数に関する確率項である．

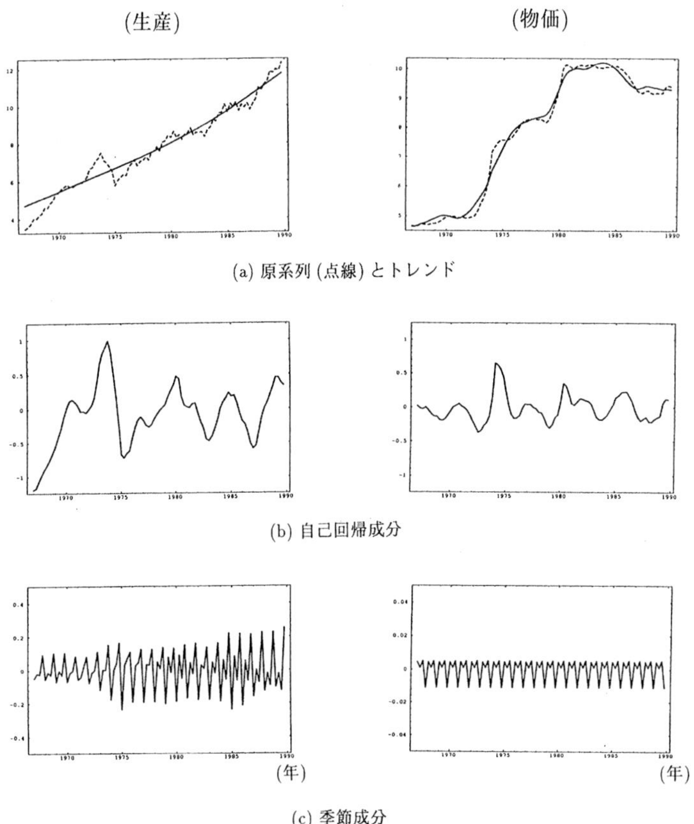

図 7.4　非定常多変量モデルによる生産と物価のトレンド，自己回帰成分，季節成分

非定常多変量モデルを用いて変数間の関係を同時に推定することにより，個々の系列を個別に定常化して得られた多変量モデルでは捉え難かった変数間の関係について新たな情報が得られる可能性がある．

図 7.4 は物価 (WPI) と生産 (IIP) の 2 変量に非定常多変量モデルを適用した結果の例で，トレンド階差および自己回帰の次数については表 7.1 にみられるようにいずれも 2 次のとき AIC が最小となっている．原系列では物価の季節性は明瞭でないが，季節成分を含むモデルと季節成分を除いたモデルとを比較すると，表 7.2 のように季節成分を含めたモデルの AIC の方が小さく，季節成分

表 7.1　生産と物価の非定常多変量モデルの AIC: 季節成分を含むモデルでトレンドと AR の次数を変えた場合

		AR 次数		
		1	2	3
	1	−118	−62	−44
トレンド	2	−136	−173	−163
	3	−91	−141	−153

表 7.2　生産と物価の非定常多変量モデルの AIC: 季節成分を除いたモデルと季節成分を含むモデルの比較

	AIC
季節成分を除いたモデル	−111
季節成分を含むモデル	−173

を含めて推定することが望ましいことを示している．ただし，図 7.4 (C) で見るように物価にも季節成分が推定されているが，縦軸の目盛りから窺えるように物価の季節性は原系列に比べてきわめて小さく，生産ほどに季節性は顕著ではない．推定した自己回帰成分には循環的な変動が明瞭に示されている．

両変数を 1 変量モデルにより個々に推定した結果は，図 7.5 に見るように物価の振れが大きくなっている．この結果は (7.21) において変数間の関係が無いものとして推定し，AIC で選択したものである．循環的変動の振幅はトレンドの推定結果に依存するが，物価の原系列の振れが生産に比べて相対的に小さいことを考慮すると，多変量モデルによる結果がより適切と思われる．

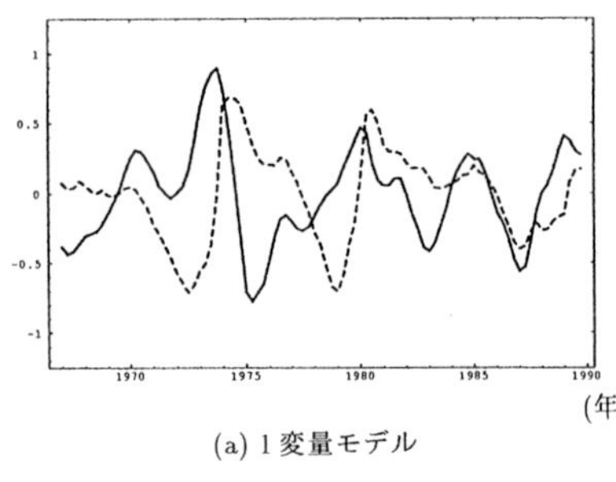

(a) 1 変量モデル

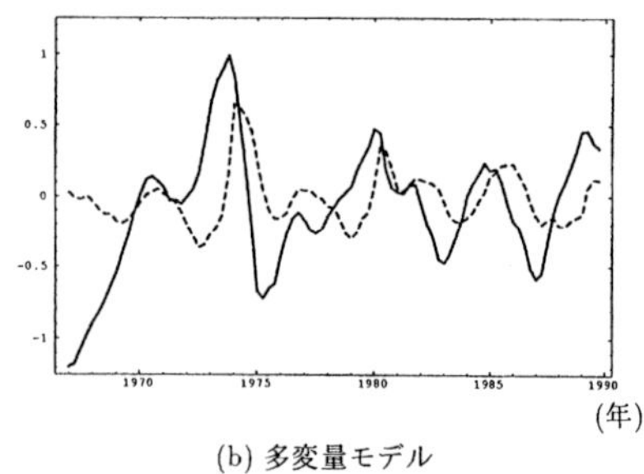

(b) 多変量モデル

図 7.5　1 変数モデルと多変数モデルによる生産 (実線) と物価 (破線) の自己回帰成分

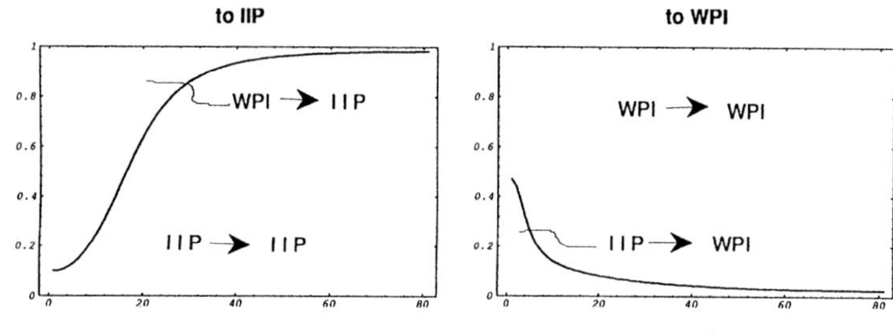

図 7.6　生産 (IIP) と物価 (WPI) のパワー寄与率

生産と物価の関係を考察するためにトレンドを除去した系列に 2 変量自己回帰モデルをあてはめてそれぞれの変数の変動に他の変数からの影響がどのように入っているかを示すパワー寄与率を求めたものが図 7.6 である．低周波領域では物価が生産に与える影響が非常に強いことを示す結果となっている．物価の安定は金融経済政策の重要な目標のひとつであり，物価の生産活動に与える影響の大きいことは多くの実証分析でも示されているが，このモデルの結果もそれを明確に示している．

非定常多変量モデルによって推定される成分の動きは，モデルに組み込む変数によって異なるものとなることがある．これは，分析の対象とするシステムの要因の相互関係に影響を受けるからである．推定結果の利用に際してはこの点に注意をしなくてはならない．また，ここで示したモデルの確率項は正規性を仮定しており，この点についても更に改良の余地がある．

7.5　おわりに

現実の経済政策の評価や政策的な含意の把握には，データによる実証的な検討はきわめて重要である．本章で示した結果は，最近の時系列モデルの改良が経済分析に有効な手法を提供しつつあることを示している．

経済分析においては，種々の方法を用いて異なる視点から実証分析を試みることが必要で，特に経済に特有の現象，たとえば，人々が予想や期待にもとづいて行動すること，また，政治や社会の意識が経済に影響を与え，それが政策当局の姿勢に反映される可能性等があることを考慮することが必要である．統計モデルの構築法と実用化の最近の進歩は，このような現象の表現に適したモデルの利用を可能にし，経済分析に新たな展望を与えている．

[浪花 貞夫]

文　献

赤池弘次 (1986), 情報量規準と統計モデル, 統計学特論, 放送大学教育振興会.

Akaike, H. (1980), "Seasonal adjustment by a Bayesian modeling," *Journal of Time Series Analysis*, Vol. 1, No. 1, 1–13.

Akaike, H. (1980), "Likelihood and Bayes procedure," *Bayesian Statistics,* Bernardo, J. M., De Groot, M. H., Lindley, D. U. and Smith, A. F. M. eds., University Press, Valencia, 143–166.

Akaike, H. (1989), "Application of the multivariate autoregressive model," *Advances in Statistical Analysis and Statistical Computing*, Vol. 2, Mariano, R. S. ed., JAI Press Inc., Greenwich, Connecticut, 43–58.

Friedman, M. (1985), "The Feds' Monetarism was never anything but rhetoric," *Wall Street Journal*, December 18.

Havenner, A. and P. Swamy (1978), "A random coefficient approach to seasonal adjustment of economic time series," *Special studies paper* No. 124, Federal Reserve Board.

堀江康熙, 浪花貞夫 (1990), 日本の金融変動と金融政策, 東洋経済新報社.

廣松毅, 浪花貞夫 (1990), 経済時系列分析, 朝倉書店.

廣松毅, 浪花貞夫 (1993), 経済時系列分析の基礎と実際, 多賀出版.

Kato, H., S. Naniwa and M. Ishiguro (1993), "A Bayesian method for estimating mutual relationships of multivariate nonstationary time series without individual detrending," *Research memorandom* No. 471, Institute of Statistical Mathematics.

Kato, H., Ishiguro, M. and Naniwa, S. (1995), "A multivariate stochastic model with nonstationary trend component," Accepted for publication in *Applied Stochastic Models and Data Analysis*, Vol. 10, No. 4.

Kitagawa, G. and W. Gersch (1984), "A smoothness priors-state space modeling of time series with trend and seasonality," *Journal of the American Statistical Association*, Vol. 79, No. 386, 378–389.

Kitagawa, G. and W. Gersch (1985), "A smoothness-priors time varying AR coefficient modeling of nonstationary covariance time series," *IEEE Transactions on Automatic Control*, Vol. AC–30, No. 1, 48–56.

Kitagawa, G. (1987), "Non-Gaussian state-space modeling of nonstationary time series," *Journal of the American Statistical Association*, Vol. 76, No. 400, 1032–1064.

Kitagawa, G. (1989), "Non-Gaussian seasonal adjustment", Computers and Mathematics with Applications, Vol. 18, No. 6/7, 503–514.

Mankiw, N. (1990), "A quick refresher course in macroeconomics," *Journal of Economic Literature*, Vol. XXVIII, December.

Oritani, Y. (1981), "The negative effects of infration on the economic growth in Japan," *Discussion paper series*, No. 5, Bank of Japan.

8

人工衛星時系列データの処理

8.1　はじめに

人類は，未知の領域への知的好奇心を満足させるために，常に新しい観測道具を開発し続けている．ロケットや気球などの飛翔体を用いた観測は，地上で測定・取得しうる情報の限界を乗り越えるためであった．高さ方向への探索欲求は，地球大気圏外へそして宇宙空間へと広がり昂進し，大気圏外へ観測機器を送り込む観測方法，つまり人工衛星による観測が始まった．

遠くへ，もっと遠くへと未知領域にひたすら接近するために大気圏外へ送り出された人工衛星は，観測器機の目を地球へ向ければ，外から地球を観察するという今までにない新しい視点を人類にもたらす．物事を大局的にみることには，全体の変動を単に概観するためだけでなく，独立しているかのごとくふるまう各部分からの情報を有機的に結合し，対象の理解をより深めさせる側面がある．今日の人工衛星を用いた観測が狙うところも，その点である．人工衛星は，地球の広範囲を一様かつ反復·継続的に観測できる唯一の手段として，近年全地球的に関心を集めている地球環境・生態系破壊のモニターに欠かせないものとなっている．現在の人工衛星の使命は，初期の頃の“未知領域の探査”という言葉でイメージされるような定性的な対象理解から，大量のデータを採取・蓄積し，予測を目標とする定量的な対象把握へと展開している．

人工衛星データからの情報の抽出には，大きく三つの問題点がある．第一に，データに，単純な観測ノイズの他に，推測結果に破滅的な影響を及ぼす可能性がある分離が容易でない系統的なノイズが含まれ，解くべき問題が性質の悪い逆問題になる．第二に，観測時期や観測場所，地上の天候の様子などを揃えた，同じ条件下でのデータを取得することが非常に困難であるため，経年変化を調べるときに慎重な解析を必要とする．第三に，人工衛星に搭載中の観測器機の感度補正(オフセットやゲインなどの調節)の多くは，衛星に搭載できる器材の重量の制限から，比較対象物を自然界に求めねばならず，厳密には事実上不可能である．異なる人工衛星のデータとの比較検討の際には，この点に充分な注意が必要である．

以上のことから，人工衛星データの解析に際しては，人間の経験と直感に基づく情報処理の介在を必要とする，厄介で，かつ判然としない点が多い手続きが使われている．近年の驚異的に進歩した計算機の能力をもってしても，人間のイメージ·構想を自由に数値的に表現できるまでには至っていないが，データの持つ情報を最大限に活かすようなモデリングによるデータ解析法の研究は，最近進んでいる．自在にデータの特徴を表現できる柔軟性に富むモデル，つまり数多くのパラメータを持つ大規模なモデルを採用し，現実離れした厳格な客観主義に陥ることなく，人間の知識獲得のプロセスそのものがある種の主観的要因を含んでいる事実を踏まえてデータ解析の全体の枠組みを構成している．考えうる多数のモデルからのモデルの客観的同定には，AICの流れに沿うベイズアプローチの枠組みを取り込んだ情報量規準を利用する．このようなデータ解析法が人工衛星データの処理に新しい可能性を与えている．

実際の解析には，各々の問題に即した巧妙なモデリングが必須である．つまり，大規模ベイズ統計モデルによるデータ解析法は，オーダーメイドとなる．本章では，人工衛星データの時系列解析に頻繁にでてくる問題に焦点を絞り，その大規模ベイズ統計モデルによる解法の説明を行う．

8.2 取り扱う問題

8.2.1 人工衛星データ処理の流れ

人工衛星データの処理には，最終的な高度·総合的情報集約までに至る流れにいくつかの段階があるが，以下に簡単にまとめてみる．人工衛星から地上に電磁波を使ってデータを転送する際に，何らかの原因で符号が反転するビットエラーが生ずる．まずこの補正を，受信電波の解読作業(復調という)をする1次処理で行わなければならない．次は，座標系の変換や，観測器機ハード系の打ち上げ前からの設計からのずれの補正といった，広い意味でのデータの変換である．幾何補正と呼ぶ，地球自転や曲率などさまざまな要因による画像の幾何学的歪を補正する作業(詳しくは，土屋 1990)もある．この二次処理までには，統計的手続きは，あまり現れない．

次に，観測ノイズの除去がある．画像の“にじみ”や“ぼやけ”を取り除く，通常画像処理と呼ぶものは，この中間処理である．観測ノイズには，明らかに人工的な影響によるノイズはもちろん，最終的な情報の抽出を妨げるようなものすべてを含める．例えば，画像に混在する原因不明の縦縞，横縞，斜め縞や，1次処理で系統的に取り除けなかったような異常値などがある．従って，正体はよく分からないが解析対象とは明らかに関係のない現象をデータから分離する手続きも，この中間処理に含まれる．

最終的な処理は，解析目的に応じた高度な情報集約である．具体的な処理方法としては，一般的に統計解析と呼ばれる，判別分析や主成分分析などが代表的なものとして挙げられる．得られた結果には，各個別科学専門分野の観点からの詳しい検討・解釈が加えられる．

8.2.2 スピンノイズ

多くの人工衛星には，姿勢安定のために，衛星本体の中心軸のまわりの規則正しい自己回転運動(スピン)が与えられている．このスピンが，観測データに周期性をもつノイズをもたらし，最悪の場合，情報がノイズからの偽情報に埋没することがある．例えば，ある視線方向に，強さや空間的な広がりが時間と共に刻々変化しているようなノイズ源がある場合，観測器機のセンサーが物体の方向を向く度にこのノイズを観測し，得られたデータには周期性をもつノイズが生じてしまう．このスピンに関連しているノイズを，簡単にスピンノイズと呼んでいる．

気象衛星からの雲の様子を伝える画像データや，自然災害や山火事などの人災を宇宙から捉える画像データも，このスピンノイズの影響を避けられない．画像のような2次元情報(イメージ)は，普通計測機の2次元の走査を利用した1次元情報の組合せで構成されており(図8.1に示す)，走査の一つ(図では，θ

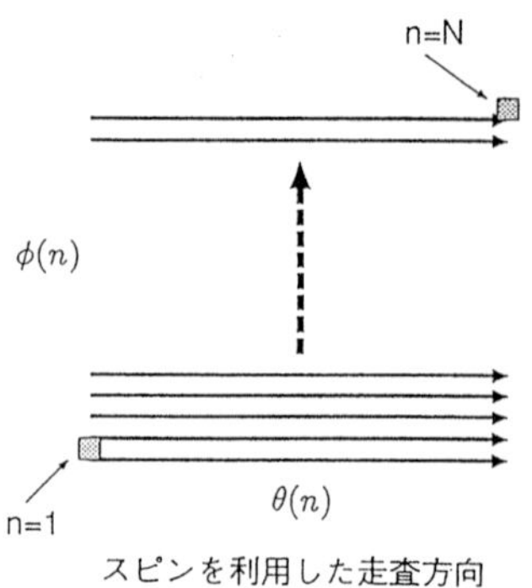

図 8.1　イメージを作るための 2 次元の走査の一方式

方向) は通常スピン運動そのものによって行われるからである．スピンとは関係ない走査法を用いたとしても，走査自体がデータに周期性をもつノイズを惹き起こす．

スピンノイズの出現形態が非常に規則的であれば，その除去には統計的な処理は必要ないが，実際には，観測場所・時間などの様々な状況に応じ，多様な形態を示す．このような問題に対し，従来は，既存のノイズ除去法の数多くのデータへの適用を通じて形造られた直感と，経験豊富な指導者の洞察力とを判断規準として，一つ一つのデータセットを処理するという，対症療法的なアプローチがされてきた．スピンノイズ除去の on-line 処理はもちろん，off-line での高速大量バッチ処理の可能性もまだ充分には認識されていないのが現状である．

本章では，主として人工衛星によって得られた時系列データの解析に付随する問題として，中間処理にあたるスピンノイズの除去を取り扱う．時系列の問題として具体的に書き下すと次のようになる．断わらない限り，データ y_n $(n = 1, \ldots, N)$ は一変量とする．N はデータ数．自己回転運動の中心軸 (スピン軸という) 周りの角度を θ_n で記述する．θ_n は，測定値に含まれる誤差はほとんど考えなくてよいデータである．データとして与えられない場合でも，少数個のパラメータを持つ n の関数として定義できるものとする．例えば，θ_0 を初期角度を表すパラメータとして，角度が $\theta_n = \theta_0 + 2\pi n \Delta t/T$ で与えられる場合がそうである．ただし，T はスピン周期，Δt はサンプリング時間．

問題は，一変量観測値 y_n と θ_n のセットからなるデータ (y_n, θ_n) $(n = 1, \ldots, N)$

から，系統的ノイズであるスピンノイズ s_n を推定し，それを除去することにより真の信号を推定することである．

8.3 ベイズモデルによるアプローチ：簡単なモデル

ここでは，スピンノイズを除くための簡単なモデルを取扱い，ベイズモデルによる解法の概説を行う．

8.3.1 観測モデルの構成

求める物理量を推定するのに望ましくないノイズ成分の数は一つとは限らない．スピンノイズの他に，ホワイトノイズ的な観測ノイズ，データの平均値の移動に対応するトレンド成分等がデータに含まれることが多々ある．これらの成分の除去の際に肝要なのは，最初にトレンド成分の除去，その次にスピンノイズ成分の除去，そして最後にホワイトノイズの除去といったように順に処理を進めるのではなく，観測値を構成していると考えられる成分に，同時にデータを分解することである．データは各成分の相補的な構成になっているので，構成要素に同時に分解することによってのみ，他の成分の処理による一方的な影響を避けた合理的なノイズの除去が可能になる．

ベイズモデルの枠組みでは，観測値を表現する観測モデルを考える．観測値 y_n を，トレンド成分 t_n，スピンノイズ成分 s_n，および観測ノイズ成分 w_n に線形に分解する場合には，次のような観測モデルで定式化する．

$$y_n = t_n + s_n + w_n \tag{8.1}$$

観測値 y_n を，t_n，s_n のようなパラメータと観測ノイズ w_n を用いて，明示的に記述する表現方法を問題毎に考えるわけである．

観測モデルを状態ベクトルを用いて記述しておくと，パラメータ推定の計算に，カルマンフィルタのアルゴリズムを利用でき，計算法の見通しが良く便利である．観測モデルは，システムの状態を表現する状態ベクトル z_n を用いて，

$$y_n = H_n z_n + w_n \tag{8.2}$$

と与えられる．(8.1) の場合，後述のシステムの構成から

$$z_n = [t_n, t_{n-1}, s_n, s_{n-1}]' \tag{8.3}$$

となる．$'$ は転置を表す．H_n は，一般には時間 n に依存する，$1 \times k$ の行列であるが，(8.1) の例では，定数行列 $H_n = [1, 0, 1, 0]$ となる．ガウス型ベイズモデルにおいては，観測ノイズ w_n は，平均 0，分散 σ^2 の 1 次元正規 (ガウス) 白色雑音 (ノイズ) とする．

8.3.2 システムモデルの構成

スピンノイズ s_n は，確率差分方程式

$$s_n - 2C\, s_{n-1} + s_{n-2} = \xi_n \tag{8.4}$$

に従うものとする．定数 C は，スピン周波数 f_c ($f_c = 1/T$) をもちいて，$C = \cos(2\pi f_c \Delta t)$ で与えられる．ξ_n は，平均 0，分散 τ^2 の 1 次元正規白色雑音とする．もし $\tau^2 = 0$ であれば (8.4) 式の右辺は常に 0 となり，その解は，正弦波，つまり $s_n = A\sin(2\pi n f_c \Delta t + b)$ となる．ここで A は振幅，b は初期位相を表す．一般的に s_n の様相は，τ^2 が大きくなるにつれて正弦波から離れていく．(8.4) は，周波数 f_c をもつ局所的に正弦波であるような信号のモデルとなる．振幅が時間と共にゆっくり変わったり，位相が途中で変化したりしても，周波数さえ変化しなければ，そのような信号 (以後簡単のため，波的な信号と呼ぶ) は (8.4) で十分表現できる．このモデルは，f_c の値をスピン周波数に設定すると，スピン周期に同期した時変振幅の性質をもつ波的な信号を取り除くのに適したものとなる．

$C = 1$，すなわち $f_c = 0$ の場合，(8.4) の左辺は s_n の 2 階差分となる．これは，時間的に滑らかに変動する信号，つまりトレンド成分に対するモデルの一つである．(8.1) に対して，トレンド成分 t_n のモデルを

$$t_n - 2\, t_{n-1} + t_{n-2} = \varepsilon_n \tag{8.5}$$

で与える．ε_n は，平均 0，分散 ν^2 の 1 次元正規白色雑音とする．この場合，ν^2 の大きさが t_n の滑らかさを規定する．トレンドのモデルとしては，左辺を 1 階差分にしたもの，あるいは高階差分にしたものも考えられる．

ベイズモデルの枠組みでは，(8.4)，(8.5) のように，観測値の分布を規定するパラメータに対しても確率分布を想定する．(8.4)，(8.5) は，システムモデルを与える．τ^2 や ν^2 などのようなシステムモデルのパラメータは，超パラメータと呼ばれる．

システムモデルは，システムの状態を表す状態ベクトル z_n を用いて，

$$z_n = F_n z_{n-1} + G_n v_n \tag{8.6}$$

のように表現される．上記の例では，

$$F_n = \begin{bmatrix} 2 & -1 & 0 & 0 \\ 1 & 0 & 0 & 0 \\ 0 & 0 & 2C & -1 \\ 0 & 0 & 1 & 0 \end{bmatrix}, \quad G_n = \begin{bmatrix} 1 & 0 \\ 0 & 0 \\ 0 & 1 \\ 0 & 0 \end{bmatrix} \tag{8.7}$$

となる．z_n は (8.3) 式で与えられている．ここで，$v_n = [\varepsilon_n, \xi_n]'$ で，その分布は，平均が 0 ベクトル，分散共分散行列が

$$\begin{bmatrix} \nu^2 & 0 \\ 0 & \tau^2 \end{bmatrix} \tag{8.8}$$

のガウス分布である．

8.3.3 カルマンフィルタ

(8.2) と (8.6) を組み合わせて，観測値の状態空間表現と呼ぶ．状態空間表現が与えられれば，固定された超パラメータの値のもとで状態ベクトル z_n の推定値，$\hat{z}_n$，は，カルマンフィルタと平滑化のアルゴリズムを用いて決定できる．最適な超パラメータの値は，AIC 最小化で求められる．実際の応用に際しては，状態ベクトルの初期値 $z_{0|0}$ と，その分散共分散行列 $V_{0|0}$ を与えなければならない．ここで，$z_{n|j}$ と $V_{n|j}$ は，データ $Y_j = [y_1, \ldots, y_j]'$ を観測したもとでの，時刻 n の状態ベクトルの平均値と分散共分散行列をあらわす．普通は，便宜的に $z_{0|0}$ として 0 ベクトル，$V_{0|0}$ として大きい値 (y_n の分散の 10^6 倍など) をもつ対角行列を考えれば充分である．

8.3.4 ロケットデータへの応用

上記の単純なモデルとそれに基づく手続きを，人工衛星と同じようにスピンノイズの影響をうける，ロケットによって得られたデータに適用した結果*を図 8.2 に示す．データは，励起した酸素原子の出す 5577Å の大気光の高度 z での強さの観測値 $I(z)$ である．(a) に見られる波的な変動成分は，ロケットのスピ

*東京大学・小川利紘教授と北和之博士との共同研究によるものである

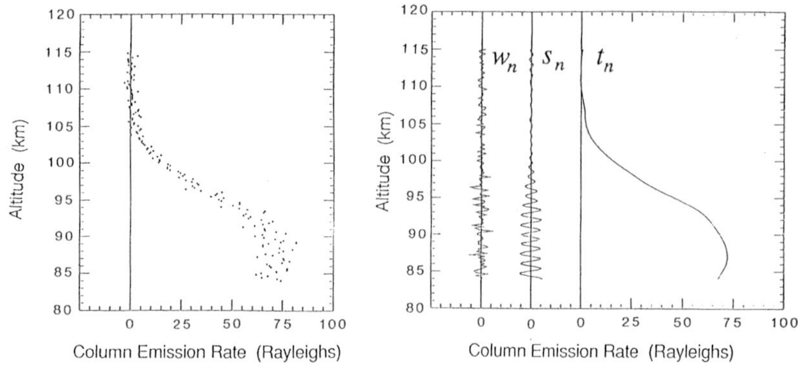

図 8.2　(a) 励起した酸素原子の出す 5577Å の大気光の強さの高度分布　縦軸が高さ方向である．(b) トレンド t_n，スピンノイズ s_n，観測ノイズ w_n の各成分に分解された様子

ンノイズである．我々が観測した $I(z)$ は，実は高度 z 付近の酸素原子が出す光の強さ $J(z)$ でなく，その無限遠から高度 z までの積分量，$I(z) = \int_z^{+\infty} J(z')dz'$，である．$I(z)$ から $J(z)$ の推定値を求めるには，まず $I(z)$ から観測ノイズとともにスピンノイズを除去することが必要である．

図 8.2(b) に，$I(z)$ を分解した 3 つの成分，t_n，s_n および w_n を示す．s_n と w_n は，それぞれスピンノイズおよび観測ノイズに対応する項で，観測値 $I(z)$ からこれらを除去して得られた t_n の 1 階差分をとることにより，離散化された $J(z)$ を推定することができる．このような簡単なモデルによっても，極めて実用性の高い情報処理が実現できることが明らかとなった．詳細は，Higuchi et al. (1988) を参照．

8.3.5　線形フィルタとしての解釈

ベイズモデルによるトレンドの抽出法は，低周波成分の抽出法とみなされる．これを古典的なローパスフィルタによるトレンド推定法と対比してみることにしよう．線形・ガウス型モデルの枠組みで，観測モデルが (8.1) のようにいくつかの成分の単純な和の形になっている場合は，得られた成分の推定値とデータの間に簡単な関係が成り立つ．上記の例の場合，

$$T_N = L_t^{\alpha^2} Y_N \tag{8.9}$$

$$S_N = L_s^{\beta^2} Y_N \tag{8.10}$$

となる．ここで，$T_N = [t_1, \ldots, t_N]'$，$S_N = [s_1, \ldots, s_N]'$，$Y_N = [y_1, \ldots, y_N]'$ である．$L_t^{\alpha^2}$ および $L_s^{\beta^2}$ は，システムモデルの形と超パラメータの値で決まるおのおの t_n と s_n に対応した $N \times N$ の行列である．ただし，$\alpha^2 = \nu^2/\sigma^2$，および $\beta^2 = \tau^2/\sigma^2$．

この両辺の離散フーリエ変換を行い，周波数空間での表現を求めると，

$$\widetilde{T_N} = \widetilde{L_t^{\alpha^2}}\,\widetilde{Y_N} \tag{8.11}$$

$$\widetilde{S_N} = \widetilde{L_s^{\beta^2}}\,\widetilde{Y_N} \tag{8.12}$$

が得られる．$\widetilde{L_t^{\alpha^2}}$ および $\widetilde{L_s^{\beta^2}}$ の対角成分は，データから各成分への変換を線形フィルタとして捉えたときの周波数特性を決定する．$\widetilde{L_t^{\alpha^2}}$ の対角成分は，周波数空間でどの程度高い周波数成分までを選択的に透過させるかを，また $\widetilde{L_s^{\beta^2}}$ の対角成分は，f_c の周波数成分のどの程度の周りの成分までを選択的に透過させるかを記述する．超パラメータがこの周波数特性を大きく左右する．

トレンドを抽出する変換を低周波数成分を取り出すローパスフィルタとみなすと，(8.5) が与えるモデルによるローパスフィルタによって，周波数 0 の成分に比べて 1/2 に減衰する周波数，すなわち半値幅 $f_{1/2}$ は，超パラメータ α^2 により，近似的に次の式で与えられる (詳細は Higuchi 1991).

$$f_{1/2} \simeq \frac{\sqrt{\alpha}}{6} \quad (\text{for}\ \ 2^{-12} \le \alpha^2 \le 2^2) \tag{8.13}$$

ただし観測時間幅 $\Delta t = 1$ とし，周波数領域は 0 から 1/2 の範囲に限られている．図8.3に，人工的に作成したデータ y_n と，AIC 最小化法によって自動的に定められた超パラメータに基づいて推定されたトレンド成分，および周波数特性が上式が与える半値幅をもつ単純移動平均，$\hat{t}_n = 1/(2K^*+1)\sum_{i=-K^*}^{K^*} y_{n+i}$，による平滑化の結果を示す．$K^*$ は[†]，$(2K+1)$ 個移動平均の周波数特性 $H_K(f_{1/2})$

$$H_K(f_{1/2}) = \frac{1}{2K+1}\Big[1 + 2\sum_{n=1}^{K}\cos(2\pi n f_{1/2})\Big] \tag{8.14}$$

が 0.5 に最も近い値をとる K である．このデータに対して得られた最適な超パラメータの値は $\alpha^2 = 0.25$ であり，$K^* = 2$ となっている．トレンド成分と移動平均がほぼ一致することから，(8.13) 式で与えられる $f_{1/2}$ の妥当性が分かる．

[†] $K^* = [1/(4f_{1/2}) - 1/2]$ と近似的に与えることもできる．ただし $[\cdot]$ は整数部分を表すガウス記号．

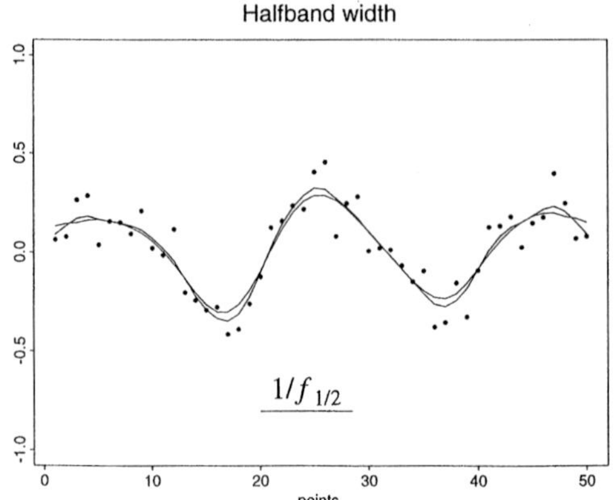

図 8.3　ベイズモデルによる平滑化と，移動平均による平滑化の比較　ベイズモデルでは平滑化パラメータは自動的に決定される．$1/f_{1/2}$ はその決定された値から (8.13) で求めた半値幅である．

8.4　簡単なモデルの例

本節では，モデル構成の要領の理解のために，人工衛星データ処理に具体的な応用の可能性を持ついくつかのモデルの紹介をする．

8.4.1　多成分への拡張

信号がいくつかの波的な成分で構成されているときは，二つのモデルが考えられる．一つは，

$$y_n \;=\; s_n^1 + s_n^2 + \cdots + s_n^M + w_n \tag{8.15}$$

と観測モデルを拡張するものである．s_n^m は，m 番目の波成分で，各成分に対するシステムモデルは，(8.4) 式と同じ

$$s_n^m - 2C^m\, s_{n-1}^m + s_{n-2}^m \;=\; \xi_n^m \tag{8.16}$$

である．C^m は，s_n^m の周波数を f_c^m としたとき，$C^m = \cos(2\pi f_c^m \Delta t)$ で与えられる定数．ξ_n^m の分散 τ_m^2 $(m = 1, \ldots, M)$ が，このモデルの場合の超パラメータになる．

もう一つでは，システムモデルが次のように与えられる．

$$\sum_{j=0}^{2M} a_j s_{n-j} \;=\; \xi_n \tag{8.17}$$

ここで，係数 a_j は，次の等式の各 s_{n-j} の係数を比較することで得られる．

$$\sum_{j=0}^{2M} a_j s_{n-j} = \prod_{m=1}^{M}\Big(1 - 2C^m B + B^2\Big)s_n \tag{8.18}$$

ただし B は，$s_{n-1} = Bs_n$ で定義される backward operator である．

8.4.2 減衰・増大する波のモデル

s_n が，局所的に減衰あるいは増大する波信号であるという場合を考える．$s_n = A\exp\{2\pi(g_c + if_c)n\Delta t + ib\}$ と仮定できる場合は，(8.4) 式のモデルを次のように一般化する．

$$s_n - 2\gamma_c\cos(2\pi f_c)s_{n-1} + \gamma_c^2 s_{n-2} = \xi_n \tag{8.19}$$

ここで，$\gamma_c = \exp(2\pi g_c)$ で，正の g_c を波の増大率，負のものを減衰率と呼ぶ．$g_c = 0$ の時，(8.19) は明らかに (8.4) に一致する．このモデルは，摩擦がある時の自由振動を表したもので，大局的には増大，あるいは減衰しているような波を表現するのに適している．多成分への拡張は，前の節での議論において (8.4) の代わりに (8.19) を用いればよい．

8.4.3 季節調整型モデル

経済データの時系列解析では長期的な経済活動を捉えるため，季節に関連した変動をデータから取り除く季節調整が重要な研究課題である．季節調整は，1 年周期をもつ変動をデータから取り除くことであるから，季節調整のために提案されたベイズモデルは，年周期の代わりにスピンの周期を与えることができれば，そのままスピンノイズ除去に応用できる．季節調整モデルとして，一番簡単ですぐ思いつくものは

$$s_n - s_{n-r} = \xi_n \tag{8.20}$$

である．いま，周期を r としている．月データ (月毎に得られるデータのこと) の場合は $r = 12$ である．このモデルは，$s_n \equiv$ 定数という周期性を持たない動きも許容するので，データからスピンノイズ成分の他にトレンド成分をも抽出したいときは，適当ではない．(8.20) を

$$\begin{aligned} s_n - s_{n-r} &= (1 - B^r)s_n \\ &= \Big(1 - B)(1 + B + B^2 + \cdots + B^{r-1})s_n \\ &= \xi_n \end{aligned} \tag{8.21}$$

のように書き換えると，右辺の最初の括弧が要請するものは，1 階差分である．この影響を避けるためには，2 番目の括弧が要請する条件

$$\sum_{j=0}^{r-1} s_{n-j} = \xi_n \tag{8.22}$$

を季節調整のモデルとすればよい．

季節調整モデルは，スピン周期 T がサンプリング間隔 Δt の整数倍であれば，$r = T/\Delta t$ とおくことで，スピンノイズの除去に適用できる．このモデルにおいて，スピンノイズの様相が正弦波的である必要は全くなく，周期が r であれば基本的にはどのような信号でも表現できる．もちろん，繰り返されるパターンは，時間とともにゆっくり変動してもよい．

8.5　点光源モデル

ノイズ源の物理構造を明示的に観測モデルにとりこんだアプローチを以下に示す．

8.5.1　一変量

ノイズを発生している対象が点光源的である場合を考える．この時ノイズは，点光源と観測器機がなす相対的角度 θ の関数として記述できる部分 $f(\cdot)$ と，時間とともに変動する点光源の強さ I_n の積，$f(\cdot)\cdot I_n$ で書ける．いま，人工衛星と点光源の相対的な位置関係が，観測期間中不変であるとすると，$f(\cdot) = f(\theta)$ となる．

このようなノイズ源の想定のもとで，時間 t と空間 (今の場合角度 θ) に依存した物理量 $x = x(t, \theta)$ を推定する問題を考える．いま，Δt 内では，x の時間依存性はほとんど無視できるものとし ($|\Delta t \cdot \partial x/\partial t| \simeq 0$)，その時間内での x は角度だけで決まる物理量とする．つまり，時刻 $t = n$ のデータ y_n から，点光源ノイズと観測ノイズを除去した成分 x_n は，その時の角度 $\theta = \theta_n$ を用いて，$x_n \simeq x(\theta_n)$ で与えられるものと仮定する．さらに，微少量 $\Delta\theta$ をもちいて，$x(\theta + \Delta\theta)$ を次のように近似する．

$$x(\theta + \Delta\theta) \simeq x(\theta) + x(\theta) - x(\theta - \Delta\theta) \tag{8.23}$$

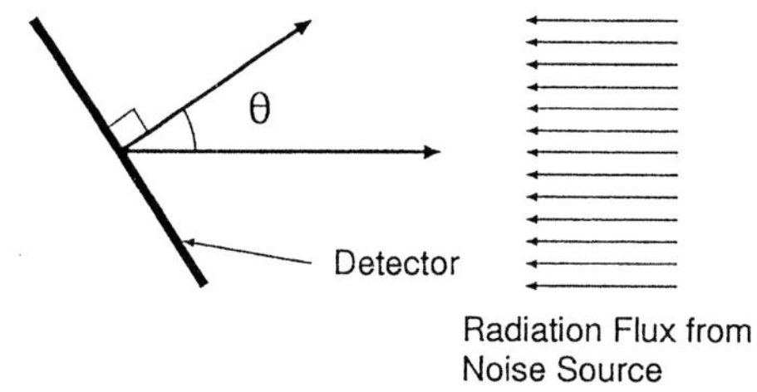

図 8.4 観測量と観測機器の模式的な関係の一例 観測量は平行板の形をしたセンサーが受け取る．衛星の周りではほぼ平行になっている遠くの光源からの光の量に観測量は比例する．

この時，θ_n が $\Delta\theta = \theta_n - \theta_{n-1}$ とおけるように設計されていれば，

$$\begin{aligned} x(\theta_{n+1}) &\simeq x(\theta_n) + x(\theta_n) - x(\theta_{n-1}) \\ &\simeq 2x_n - x_{n-1} \end{aligned} \tag{8.24}$$

となる．つまり，x_n については 2 階差分が微小変動を示すとするトレンドモデルが採用される．

点光源の強さ I_n は時間とともにゆっくり変動するものと仮定し，1 階差分に微小変動を想定するトレンドモデルを採用する．この時状態ベクトルは，$z_n = [I_n, x_n, x_{n-1}]'$，観測モデルの H_n は，$H_n = [f(\theta_n), 1, 0]$ となる．$f(\theta)$ としては，少数のパラメータを持つ関数を応用の目的に応じて考える．例えば，図 8.4 に示すように，得られるデータが光源からの光量 (フラックス) に比例するようなものになっている時は，

$$f(\theta) = \begin{cases} \cos\theta & |\theta| < 90^\circ \\ 0 & 90^\circ \le |\theta| \le 180^\circ. \end{cases} \tag{8.25}$$

となる．この他に，$\cos^2\theta_n$ や $\exp(-\sin^2\theta_n)$，あるいは 2 次関数なども候補として挙げられる．$f(\theta)$ の設計には，具体的問題に即して観測器機の特性を表現する工夫が必要である．

8.5.2 多変量への拡張

目的観測量の空間分布構造を調べるために，スピン軸を含む平面内に，異なる方向を向いた計測器機がいくつか搭載される場合もある．この場合観測量は多変量 $y_n = [y_n^1, y_n^2, \ldots, y_n^M]'$ になる．y_n^m は，m 番目の観測器機 (チャンネル-m) で

得られた時刻 n の観測量．M をチャンネル数と呼ぶ．いまチャンネル m の，スピン軸を含む平面内における，スピン軸からの角度を ϕ^m と記すと，チャンネル m と点光源との間の関係 $f(\cdot)$ は，θ_n と ϕ^m で書ける．つまり，$f(\cdot) = f(\theta_n, \phi^m)$．このとき，チャンネル毎に，すなわちそれぞれの y_n^m に対してモデルを考えるのではなく，多変量時系列 y_n に対し総合的なモデルを考えることで，より合理性のある仮定に基づいて $f(\theta_n, \phi^m)$ の関数形の推定がおこなえる．さらには，チャンネル間の器機特性の違いなどをデータから推定することも可能になる．

一変量の時の解法の流れに沿い，チャンネル m の観測量から，時刻 n の点光源ノイズと観測ノイズの影響を取り除いた成分 x_n^m は，2 階差分モデルに従うものと仮定する．また，I_n は一変量の時と同じく 1 階差分モデルで表されるものとする．すると，状態ベクトルは $(1+2M)\times 1$ のベクトル $z_n = [I_n, x_n^1, x_{n-1}^1, \ldots, x_n^M, x_{n-1}^M]'$ となる．また，観測モデルの H_n は，$M\times(1+2M)$ の行列

$$\begin{bmatrix} f(\theta_n, \phi^1) & 1 & 0 & & & & \mathbf{0} \\ f(\theta_n, \phi^2) & & & 1 & 0 & & \\ \vdots & & & & & \ddots & \\ f(\theta_n, \phi^M) & \mathbf{0} & & & & 1 & 0 \end{bmatrix} \tag{8.26}$$

となる．観測ノイズのベクトル $w_n = [w_n^1, w_n^2, \ldots, w_n^M]'$ の分散・共分散行列の構造は，チャンネル間の特性等を考慮して問題に即して考える必要がある．

8.5.3 点光源モデルの拡張

ノイズ源からの影響が上述の点光源モデルで表現できないときは，$I_n \cdot f(\theta_n)$ の表現方法をより柔軟性の高いものにする必要がある．各時刻 n で，スピンノイズの θ 依存性を，次のような 1 次スプライン (折れ線) 関数 $R_n(\theta)$ で表すことを考える．まず $[0, 360°]$ を d_θ で等分割し，節点 θ_j $(j = 1, \ldots, J)$ を定める．$J = 360/d_\theta$ である．各節点での $R_n(\theta)$ の値を r_n^j と記す．各区分領域 $[(j-1)d_\theta,\ jd_\theta]$ の範囲内の $R_n(\theta)$ は

$$R_n(\theta) = (1-a)r_n^j + ar_n^{j+1} \tag{8.27}$$

で与えられる．ここで，$a = \theta/d_\theta - [\theta/d_\theta]$，ただし $[\theta/d_\theta]$ は，θ/d_θ の整数部を示す．また，$R_n(\theta)$ を周期関数として，$r_n^{J+1} = r_n^1$ が成り立つ．

$R_n(\theta)$ が時間とともにゆっくり変化する場合を想定し，r_n^j が 1 階差分モデル

に従うものとする．1階差分の分散は，j に関して共通にしても良いし，個別に尤度最大になるように最適化してもよい．一般には，何らかの事前の知識があり，それらを有効に活用するようなモデル化を行う．観測したい量 x_n は，一変量点光源モデルの時同様，2階差分モデルで表現できるとする．従って，状態ベクトルは $z_n=[r_n^1, r_n^2, \ldots, r_n^J, x_n, x_{n-1}]'$ となる．観測モデルの H_n は，$1\times(J+2)$ のベクトル

$$H_n = [\overbrace{0,\ldots,0}^{j_n \text{ times}}, 1-a, a, \overbrace{0,\ldots,0}^{J-j_n-2 \text{ times}}, 1, 0] \tag{8.28}$$

となる．j_n は $[\theta_n/d_\theta]$ で定義される整数．

観測したい信号 x の発生源が空間的に局在する場合，(8.23) 式の近似は成り立たない．この場合，データの選別，つまり $x_n=0$ か否かの判断と，I_n および $f(\theta)$ の推定を組み合わせて，逐次的に次のような

$$y_n = w_n I_n f(\theta_n) + x_n \tag{8.29}$$

成分分解を行う (詳細は樋口 1993)．I_n はやはり時間的にゆっくりと変化すると仮定し，1階差分モデルで表されるものとする．また，$f(\theta)$ は空間的に滑らかであると想定する．この仮定は，$f(\theta)$ を d_θ で離散化した量 f_j $(j=1,\ldots,360/d_\theta)$ に対して，2階差分を微小量とするトレンドモデルを適用することで達成される．このモデルは，時間と空間の両方に依存した観測値のモデル，つまり一般に時空間モデルと呼ばれる統計モデルの最も簡単なものの一つになっている．最適な x_n, I_n および f_j の探索は，さきに述べた $x_n=0$ か否かの判断と，I_n を求めるための時間方向の平滑化と，f_j を得るための空間方向の平滑化を独立に行う手続きで行う．

この手法を，実際の人工衛星データに適用した結果*を図 8.5 に示す．(a) は，観測した 20394 個データ y_n のごく一部分 (792 個) である．図中に見える周期的な変動がスピンノイズに相当する．x_n に対応する信号を観測した時，y_n は爆発的に大きい値をとる．(b) に，観測されたデータ y_n から $f(\theta_n)$ の影響を除去し補正したデータ，I_n+x_n を示す．(a) に見られた明らかにスピンノイズに

*カリフォルニア大学ロサンゼルス校の C. T. Russell 教授，R. J. Strangeway 博士，大学院生 G. K. Crawford らとの共同研究によるものである．

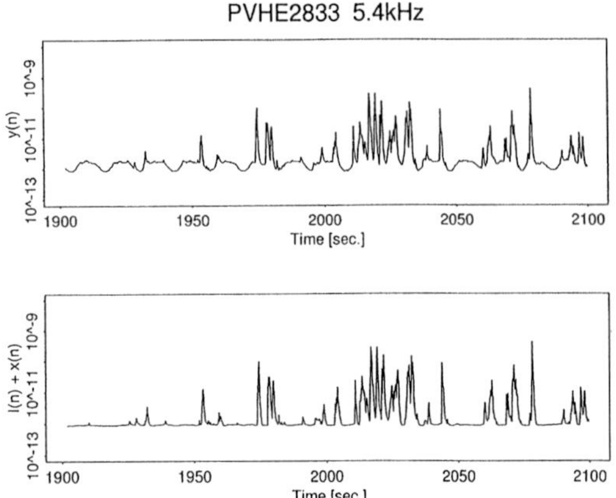

図 8.5 (a) 人工衛星 Pioneer Venus Orbiter によって観測された電場の強さ (b) スピンノイズによる系統的ノイズ除去後のデータ

関連する系統的ノイズが，(b) では除去されているのが解る．この図に示した時間内の I_n はほぼ一定であるが，データすべてを通してみると変動している．

8.6 おわりに

以上人工衛星時系列データにおけるスピンノイズを除去するためのいくつかのモデルの説明を行った．ベイズアプローチの枠組みはきわめて統一的であるが，応用に際しては各個別問題に特化したモデルを考える必要がある．この点が一般的なデータ解析法を期待するユーザーにとっては面倒で思われるかも知れない．しかしながら，新しい解析法は，解析者のアイデアや知識を最大限に活用することを可能にすることに，あらためて読者の注意を喚起して本文を終わりたい．

[樋口 知之]

文　献

Higuchi, T., K. Kita, and T. Ogawa (1988), "Bayesian statistical inference to remove periodic noise in the optical observations aboard a spacecraft," *Applied Optics*, Vol. 27, No. 21, 4514–4519.

Higuchi, T. (1991), "Frequency domain characteristics of linear operator to decompose a time series into the multi-components," *Annals of the Institute of Statistical Mathematics*, Vol. 43, No. 3, 469–492.

樋口知之 (1993), 大規模ベイズモデルに基づくスピンノイズの除去法, 統計数理, 第 41 巻, 第 2 号, 115–130.

Higuchi, T. (1994), "Separation of spin synchronized signals using a Bayesian approach," *Proceeding of The Frontiers of Statistical Modeling: An informational approach*, (eds. H. Bozdogan), Kluwer Academic Publishers, 193–215.

土屋 清 編著 (1990), リモートセンシング概論, 朝倉書店.

9

地球潮汐データの解析

9.1 地球潮汐とは

9.1.1 地球潮汐現象

地球の近傍の天体である月や太陽は，地球に対して潮汐力を及ぼしている．これは，天体からの引力が，地球中心と地表でわずかに異なるために生じる力である．引力の勾配に比例し，また引力をうける物体の大きさに比例して大きくなる．引力の大きさは万有引力の法則に従い，天体の質量に比例し距離の2乗に反比例する．潮汐力はこれを空間微分したものであるので，天体の質量に比例し，距離の3乗に反比例する力となる．このため，月と太陽の起潮力を比べてみると，太陽の方が引力が格段に大きいものの，潮汐力の方は，逆に月の方が2倍以上太陽よりも大きくなっている．

潮汐力によって生じる現象としては，海の潮汐が良く知られている．潮汐力は，地球表面の流体である海洋に影響を与えるだけではなく，固体地球そのものにも影響を与えている．固体地球は，完全な剛体ではなく弾性体であるために，外力を与えると僅かながら変形を生じる．潮汐によって生じる地球の変形は地球潮汐と呼ばれ，地表の上下変位では0.2〜0.3m，重力加速度の変化では10^{-6}ms^{-2}，ひずみ変化では5×10^{-8}程度の大きさとなる(図9.2の左上の図を参照)．そのほか，傾斜や鉛直線の変化，地球の自転速度の周期的変動としても観測される．地球潮汐の周期は，海洋潮汐と同様に，日周と半日周の成分が卓越するが，1/3日〜1/4日周の短周期成分や，半月〜半年周期といった長周期の成分も含まれる．

地球潮汐の観測手段としては，重力潮汐の場合には，スプリング型の重力計が広く使われてきたが，近年では，液体ヘリウム温度における超伝導磁場でニオブ球を浮上させ，重力加速度の変化で生じるニオブ球の微細な位置変化を測定する超伝導重力計が用いられている．ひずみ変化の観測では，長さの基準として 10〜20m 長のインバール棒や石英管の一端を地面に固定し，反対側の端点で地面との相対的な位置変化が測定される．このようなひずみ計は，温度変化を避けるために坑道内に設置される．また，上下変位や水平変位については，VLBI (超長基線電波干渉計) や SLR (人工衛星レーザ測距) などの，いわゆる宇宙測地技術で直接的に観測されるようになっている．

いずれの地球潮汐現象についても，その大きさは地上の重力加速度や地球半径と比べて，わずか 10^{-7} オーダーの現象である．地球潮汐を検出するだけでも 10^{-7}，さらに，潮汐現象から有意な情報を得るためには，10^{-9}〜10^{-10} の相対変化を検出する分解能が地球潮汐観測に要求される．海洋潮汐の場合には，その振幅は地域によってかなりの差はあるものの，50cm〜1m の振幅の現象が 1cm 程度の分解能で観測されているので，観測の SN 比は比較的良好である．また，測定の基準となる陸上の基準点は，潮汐の振幅と比べて大きく上下変動することはごくまれであるために，記録に大きなドリフトが含まれることはほとんどない．ところが，地球潮汐の場合には，観測機器に原因をもつ大きなドリフトや，潮汐以外の自然現象による不規則なドリフトが記録に含まれることはまれなことではない．また，気圧や温度変化といった測定環境の変化による擾乱が，潮汐信号に重畳して観測される．

地球潮汐の解析手法には，観測値からこれらのドリフトや擾乱作用を除き，外力に対する地球の応答特性を表す潮汐定数 (理論値に対する振幅比と位相差) を精密に決定することが要求される．また，実際の観測では，欠測やデータの跳びなどがあり，これらにも柔軟に対応できる必要がある．

9.1.2　潮汐解析の目的

潮汐現象の解析目的は，月と太陽による潮汐力に対する地球の応答を調べることである．地球潮汐の観測から，グローバルな問題として，地球内部に存在する流体核の共鳴現象の解析や，潮汐周期帯における地球モデルの改良が進められている．また，地域的・局所的な問題として，地下構造の違いによる弾性定数の差異を反映する潮汐定数の地域性が調べられている．また，火山地域などでは，潮汐定数の時間変化から，内部物性の時間的変化の推定などが行われている．海洋潮汐の解析では，海洋物理現象そのものの解明はもちろんのこと，港湾における潮位予報や，海峡における潮流予報といった日常的な要求を満たすことも大きな目的のひとつである．地震予知や地殻変動の検出を目的とする，ひずみや傾斜変化のデータ解析では，潮汐定数そのものの精密決定よりも，観測値から潮汐成分を取り除いて得られる，ドリフト成分の解釈のほうが重要となることもある．

固体地球や海洋の応答を調べる場合，外力となる潮汐力をあらかじめ知っておく必要がある．はじめに述べたように，起潮力は月と太陽の運動で決まる．月と太陽の運動は正確に知られているので，潮汐力の計算は十分実用的な精度で行うことができる．計算方法としては，天体の位置と距離から直接求める方法と，周波数軸上に展開された調和展開を用いる方法 (正弦波の和として求める方法) がある．後者の場合，周波数軸上に展開された各成分は分潮と呼ばれており，剛体地球上におけるその振幅と位相が精密に求められている．分潮の数は，小さいものを含めて 1200 個ほどが知られているが (Tamura 1987)，主要な分潮と角速度の近いものは，ひとつの分潮群として取り扱う．分潮群は，その角速度の違いから，それらを分離するのに必要な観測日数が決まる．主要な分潮を分離するには，最低 1ヶ月の観測期間を必要とする．分潮群を代表する主要な分潮を，表 9.1 にまとめておく．表の角度引数とは，月と太陽の運動に関連した係数で，各分潮の周期と位相を決めている．また，振幅はノーマライズされた振幅である．潮汐力の具体的な計算方法については，中川・他 (1986) や日本測地学会 (1994) を参照されたい．

潮汐解析では，調和展開された理論値に対して，振幅比と位相差を求めることが問題になる．この点，成分間の位相関係を無視して周波数軸上のパワーの分布を求めようとするパワースペクトル解析法とは手法が大きく異なる．

表 9.1 潮汐の主要分潮表

分潮名	次数	角度引数					2000 年における	
	n	m_1	m_2	m_3	m_4	m_6	角速度 (°/h)	振幅
長周期潮								
Sa	2	0	0	1	0	−1	0.04106668	0.011549
Ssa	2	0	0	2	0	0	0.08213728	0.072732
Mm	2	0	1	0	−1	0	0.54437471	0.082569
Mf	2	0	2	0	0	0	1.09803304	0.156303
日周潮								
Q_1	2	1	−2	0	1	0	13.39866089	0.072136
O_1	2	1	−1	0	0	0	13.94303560	0.376763
M_1	2	1	0	0	1	0	14.49669393	−0.029631
P_1	2	1	1	−2	0	0	14.95893136	0.175307
S_1	2	1	1	−1	0	1	15.00000196	−0.004145
K_1	2	1	1	0	0	0	15.04106864	−0.529876
J_1	2	1	2	0	−1	0	15.58544335	−0.029630
OO_1	2	1	3	0	0	0	16.13910168	−0.016212
半日周潮								
$2N_2$	2	2	−2	0	2	0	27.89535483	0.023009
μ_2	2	2	−2	2	0	0	27.96820848	0.027768
N_2	2	2	−1	0	1	0	28.43972953	0.173881
ν_2	2	2	−1	2	−1	0	28.51258319	0.033027
M_2	2	2	0	0	0	0	28.98410424	0.908184
L_2	2	2	1	0	−1	0	29.52847895	−0.025670
S_2	2	2	2	−2	0	0	30.00000000	0.422535
K_2	2	2	2	0	0	0	30.08213728	0.114860
1/3 日周潮								
M_3	3	3	0	0	0	0	43.47615636	−0.011881

9.2 解析モデル

9.2.1 サンプリング間隔

潮汐データのサンプリング間隔については，潮汐現象が 1/3 日〜1 日といった周期の現象であるので，1 時間程度が妥当なサンプリング間隔である．短い時間間隔で密なサンプリングを行っている場合は，適当なディジタルローパスフィルタを用いて短周期の変動を除いた時系列データを用意する．

時間的に密なサンプリングデータにそのままモデルをあてはめるのは，計算時間の観点からしてあまり得策ではない．密な観測データがある場合，一般的な処理形態としては次の手順が取られる．まず，なんらかの予備的解析を行い，その結果を用いた予測値を作り，もとの観測値との残差を調べる．予測値との比較から，なんらかの閾をもうけて異常値を取り除く．異常値を除いたデータから，適当な時間間隔(問題によっては，適当な空間間隔)の「ノーマルポイント」データを作成し，これを解析に用いる入力データとする．

以下の説明では，1時間程度のサンプリング間隔を想定する．また，観測期間については，主要な分潮が分離可能となる1ヶ月以上の観測期間があるものと想定する．

9.2.2 ドリフトのモデル化

解析モデルの構築にあたり，困難な問題のひとつは，観測値に含まれるドリフトの取り扱いである．地殻変動データの解析の場合には，ドリフトの適切な推定自身が重要な目的となる場合がある．ドリフトが時間 t の多項式，もしくは，ある期間一定の値として表すことができるのは，ごくまれな場合に限られる．海洋潮汐のように，永年的な海面変動がかなり小さい場合には，このような取り扱いも可能であるが，通常の地球潮汐データでは，ドリフトを時間 t の多項式や正弦波の和で表すことが困難な場合が多い．

ドリフトを求める方法としては，ディジタルフィルタを用いる方法や，解析区間を数日ごとに区切り，その期間ごとに多項式をあてはめたり，スプライン関数で連続的なドリフトを求める方法が考えられる．実際，これまでそのような手法で潮汐解析が行われてきた．しかし，フィルタを用いる方法では，必要な情報とドリフト成分を完全に分離することが困難なこと，また，区間に分けてドリフトを推定する方法も，仮定するドリフトの形に制限があることなどから，潮汐定数と任意の形のドリフトを同時に推定する方法が提案された(石黒・他 1984; Tamura *et al.* 1991).

提案された方法は，ドリフトの形に特定の関数を仮定することなく，単に「ドリフトは時間的に滑らかに変化する」という仮定を置く．つまり，ドリフトの第2階差(あるいはオプションで第3階差)の2乗和が適当に小さくなるという条件を課したうえで，潮汐定数などのパラメータの推定を行う．

各観測時ごとのドリフトの値を d_n とするとき，その第2階差をとり，

$$d_n - 2d_{n-1} + d_{n-2} \approx 0 \tag{9.1}$$

となる条件を仮定してドリフトの推定を行う．この拘束条件をどの程度強くするかがパラメータ推定の際に重要な問題になる．このドリフト d_n の推定問題は，1次元データのスムージング問題と同等である．$d_n - 2d_{n-1} + d_{n-2}$ が0の近くに分布すると期待して適当な事前分布を導入することにより，Akaike (1980) が提案する ベイズ (Bayes) 手法を適用してこの問題を解くことができる．

9.2.3　擾乱作用のモデル化

潮汐観測に及ぼす，気圧変化や温度変化の影響の除去には，応答法 (レスポンス法) で擾乱作用 R_n のモデル化を行う．つまり，気圧や温度などの並行観測データを x_n とするとき，応答係数 (レスポンスウエイト) b_k を用いて，

$$R_n = \sum_{k=0}^{K} b_k x_{n-k} \tag{9.2}$$

で表わされるものとする．ここで K はラグの個数を表す．$K = 0$ のときは，単純な比例関係を仮定することになる．複数の並行観測データが存在するときは，複数の応答係数の組を仮定してそれらの和をとればよい．

気圧変化の影響は，大気の持つ質量分布の変化として物理モデルを構築することができる．実際，重力潮汐の観測では，気圧変化の影響は大気の持つ引力の変化と，地殻にのしかかる荷重の変化の和として表現される．応答法という統計モデルで擾乱作用を除去する場合には，解析から得られる応答係数は，このような物理過程を反映した影響量と，観測機器固有の応答特性を含んだ値となる．実際のデータ解析から推定された応答は，気圧 1hPa の上昇につき，重力の $3\times10^{-9}\mathrm{ms}^{-2}$ の減少として観測されており，物理モデルによる値と良く調和している．

複数の並行観測データが利用できる場合，並行観測データ間に強い相関があるときには，得られた応答係数の解釈には注意を要する．たとえば，坑道内におけるひずみ変化の観測では，気圧の変化によって断熱膨張と圧縮が起こり，数時間以下の短周期の変動では気圧と坑内温の変化にかなり強い相関がみられる．相関の非常に強い2組の並行観測データを解析に用いると，個々の応答係数は並行観測データが1組のときと大幅に異なる．擾乱作用の影響除去の目的のためには，両者を合計した総量 R_n のみが意味を持つのである．

9.2.4 観測モデル

観測値の時系列 y_n は，先の並行観測データの応答とドリフトを考慮して，

$$y_n = \sum_{m=1}^{M}(\alpha_m C_{mn} + \beta_m S_{mn}) + \sum_{k=0}^{K} b_k x_{n-k} + d_n + \varepsilon_n \tag{9.3}$$

で表せると考えてモデル化を行う．ここで，m は分潮群の番号 (M は分潮群の総数)，α_m，β_m は決定すべき潮汐定数，C_{mn}，S_{mn} は分潮番号 m の理論値で，それぞれ理論値と同位相と 90° 位相差成分を表す．ε_n は不規則な観測誤差成分である．潮汐定数 α_m，β_m や，応答係数 b_k などのパラメータの推定値は，次式の $J(d)$ を最小化する値として最小 2 乗計算によって求められる．

$$J(d) = \sum_{n=1}^{N}\{y_n - \sum_{m=1}^{M}(\alpha_m C_{mn} + \beta_m S_{mn}) - \sum_{k=0}^{K} b_k x_{n-k} - d_n\}^2$$

$$+ v^2 \sum_{n=1}^{N}\{d_n - 2d_{n-1} + d_{n-2}\}^2 \tag{9.4}$$

ここで，v^2 はドリフトの滑らかさを規定する係数である．この解析モデルで注意すべきことは，観測時ごとのドリフトの値 d_n のすべてを未知数とおいている点である．このことにより，多項式や正弦波で表現できない複雑なドリフトを伴うデータを扱うことが可能となっている．

観測に欠測がある場合でも，上式 $J(d)$ の計算に問題は生じない．また，観測値に基準値のずれが発生した場合にも，その跳びの量の推定は，その位置を指定してやれば階段関数に対する応答係数を求める問題となり，モデル化に困難な点はない．

上記の式を模式的に表せば，

$$J(d) = \sum_{n=1}^{N}\{\text{不規則成分 (残差)}\}^2 + v^2 \sum_{n=1}^{N}\{\text{ドリフトの第 2 階差}\}^2 \tag{9.5}$$

の形になっており，式の前半は誤差の 2 乗和を最小にするという，一般的な最小 2 乗法と同じ考え方を表現するものである．後半は，ドリフトに課した条件を表すものである．この拘束条件のために，観測時ごとのドリフト値を未知数とおくことにより未知数の総数が観測値の数より多くなっても，そのために解が不定になることはない．

$J(d)$ の最小化によって潮汐定数 α_m, β_m や，応答係数 b_k を決定するには，v^2 の値を決めなければならない．v^2 の値を極端に大きくとれば，ドリフトの形の自由度が小さくなり，直線に近い形のドリフトを仮定することになる．逆に v^2 の値を小さくとれば，ドリフトの形の自由度が大きくなる．極端な例として $v^2=0$ とすれば，ドリフトの形は全く自由になり残差を0にすることができるが，無意味な解しか得られない．このパラメータ v^2 は，パラメータ(各ドリフトの値 d_n)の事前分布を決めるパラメータであるので，「超パラメータ」と呼ばれている．

9.2.5 ベイズモデルと ABIC

ドリフトの形を決めたり，潮汐定数などのパラメータを決定するためには，超パラメータ v^2 の値の選択が重要な問題となる．v^2 の値の選択にあたっては，適当なベイズモデルを導入し，Akaike (1980) の提案によるベイズ型情報量規準を用いて行うことができる．その骨子は次のように要約される．

不規則成分 ε_n の分布が，平均値が0，分散が σ^2 の正規分布であるとの仮定にもとづき，d_n などのパラメータが与えられた際の観測値の分布は，密度関数，

$$L=\left(\frac{1}{2\pi\sigma^2}\right)^{N/2}\exp\left\{-\frac{1}{2\sigma^2}\sum_{n=1}^{N}(\text{不規則成分})^2\right\} \tag{9.6}$$

で与えられる．ドリフト d_n には，次式で与えられる密度関数を持つ事前分布を仮定する．

$$P=\left(\frac{v^2}{2\pi\sigma^2}\right)^{N/2}\exp\left\{-\frac{v^2}{2\sigma^2}\sum_{n=1}^{N}(\text{ドリフトの第 2 階差})^2\right\} \tag{9.7}$$

このふたつの密度関数の積の，パラメータ d に関する積分が最大化されるように超パラメータ v^2 を選択する．あるいは，自然対数をとり，

$$\mathrm{ABIC}=-2\log\left\{\int LP\,\mathrm{d}d\right\} \tag{9.8}$$

として，この ABIC が最小化されるように v^2 を選択する．観測値分布 L と，事前分布 P とがともに正規分布型であるために，ABIC は解析的に求められる．最小 ABIC を与える v を求めるためには，適当な v の初期値から出発し，$\sqrt{2}$ 倍ステップで離散サーチを行う．また，AIC にならい，ABIC 最小化のために

調整されたパラメータ数で補正し ABIC* を次の式で計算する．

$$\mathrm{ABIC}^* = N\log 2\pi + N\log\hat{\sigma}^2 + N + \log\det(I + v^2 D^t D) - N\log v^2 + 2(\text{パラメータ数}) \quad (9.9)$$

ここで，$\sigma^2 = J(\hat{d})/n$，$\hat{d}$ は推定されたパラメータを表す．また，I は単位行列，D はつぎに定義される $n \times n$ 次の行列である．

$$D = \begin{bmatrix} 1 & & & & 0 \\ -2 & 1 & & & \\ 1 & -2 & 1 & & \\ & \ddots & \ddots & \ddots & \\ 0 & & 1 & -2 & 1 \end{bmatrix} \quad (9.10)$$

計算には，ドリフトの初期値 d_0，d_{-1} を必要とする．これらの値の取り扱いには，それ自身を未知数とおいて推定する方法や，解析区間をシフトして順次解析していく場合には，前解析期間で推定されたドリフトの値を初期値として用いる方法がある．

なお，実際の観測データでは，なんらかの異常値を含むことが多くあり，観測値の不規則成分 ε_n が仮定した解析モデルのとおりの正規分布に従っていないこともある．このようなデータに対して機械的に最小 ABIC をサーチすると，異常に小さな v^2 が求められたり，逆に異常に大きな v^2 が求められることがあるので，サーチに際しては適当な v の下限値と上限値を設定しておく．このような場合は，異常値を取り除いてから再解析を行うことになる．

9.3　潮汐解析プログラム BAYTAP–G

9.3.1　機能

前節のモデルを取り込んだ潮汐解析法として，統計数理研究所と緯度観測所(現国立天文台・水沢) の共同で，潮汐解析プログラム BAYTAP–G (Bayesian Tidal Analysis Program–Grouping Model) が開発された (石黒・他 1984; Tamura *et al.* 1991)．現在このプログラムは，地球潮汐データの解析をはじめ，地殻変動連続観測データの解析にも広く使われている．

BAYTAP–G のもつ機能としては，

1) 潮汐定数の決定

2) ドリフトの決定，および，そのパワースペクトルの計算

3) 気圧データなどの並行観測データの応答計算

4) 欠測値の補間，跳びの量の推定

5) 異常値の検出

6) モデルの良否をみる ABIC* の計算

などを挙げることができる．分潮群の分け方については，観測期間によって分離できる分潮数と観測精度を考慮して，12～31 の分潮数を仮定することができる．また，異常値の検出を目的とした 1 週間程度のごく短い期間の解析を行う場合には，3～5 分潮のみを仮定することも可能である．

異常値の検出は，厳密に行うのはかなり困難な問題である．BAYTAP–G で採用している方法は，ごく簡便な方法で，不規則成分 (残差) の推定値が平均的な値の 4 倍以上になった場合と，ドリフトの階差の絶対値が，これも平均的な値の 4 倍以上になった場合を異常値の候補としてリストアップする．プログラムの利用者は，このリストを参考に異常値を取り除いてから再解析を行う．

9.3.2 解析例

ここで，潮汐解析の例を示す．観測データは，国立天文台江刺地球潮汐観測施設 (39.1°N, 141.3°E) に設置されている石英管ひずみ計で観測された地殻ひずみの南北成分のデータである．図 9.1 に，1993 年の 1 年分のデータに FFT を適用して求めたフーリエスペクトルを示す．振幅の単位は 10^{-9} ひずみである．日周から 1/3 日周期のところに，表 9.1 に示した主要分潮に対応するスペクトルのピークが現れている．

図 9.2 は，BAYTAP–G を用いて，同データの 1993 年 4 月の 1ヶ月間を解析した例である．同図左上は生の観測値 (単位は 10^{-9} ひずみで地面の伸びを正に取っている) で，ところどころ欠測値が含まれている．左中央は，推定された潮汐定数をもとに合成された潮汐成分である．左下は，気圧に対する応答成分を表している．右上の図は，ドリフト成分を表す．欠測期間がある場合でも，ドリフトは連続的に求められている．日周以下の潮汐成分や，気圧の応答成分が除かれたために，ドリフトの様子が 10^{-9} ひずみのオーダーまで詳細にわかる

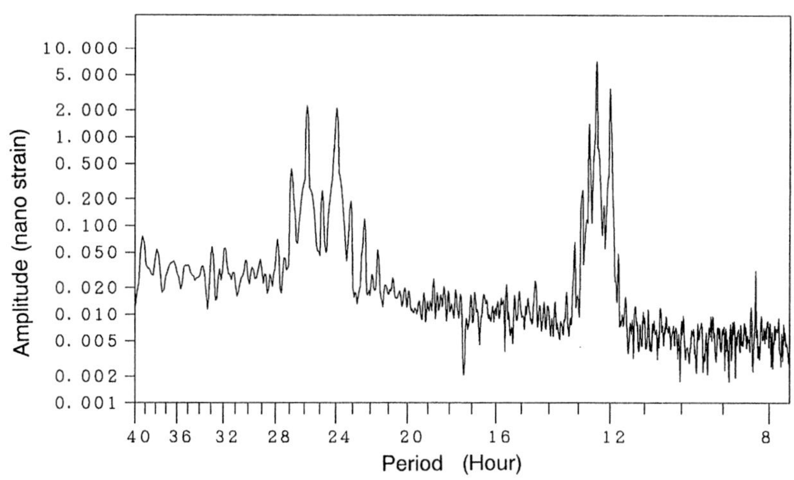

図 9.1 江刺地球潮汐観測施設で観測された地殻ひずみ南北成分のフーリエ・スペクトル

ようになった．右中央は，不規則成分(残差)を示す．ここでは例として示すために，多少大きな残差をもつ部分も残している．潮汐定数を精密に決定することを目的とする解析の場合は，異常値があるときにはそれらを除いて再解析を行うことになる．右下は，比較のために気圧の応答成分を考慮しなかった場合に得られたドリフト成分を示す．不規則なドリフト変動の大部分は，大気圧の変動によることが分かる．このような形のドリフトを，時間 t の多項式や正弦波で表すことは，大変に困難なことである．微細な地殻ひずみの変化を捕らえて地震の前兆現象を見い出そうとするような場合，潮汐成分や気圧変化などの擾乱作用を除去し，観測時ごとのドリフトを推定することが大変効果的であることが理解されよう．

9.3.3 特殊な使用法

BAYTAP-G の特殊な使い方として，潮汐定数の推定を行わずに，単にベイズモデルを使った観測データのスムージングに使うこともできる．一方，データのスムージングが主たる目的ではなく，なんらかの異常値を検出することを目的とする使い方もできる．

また，気圧などの並行観測データの応答計算ができることから，潮汐定数の

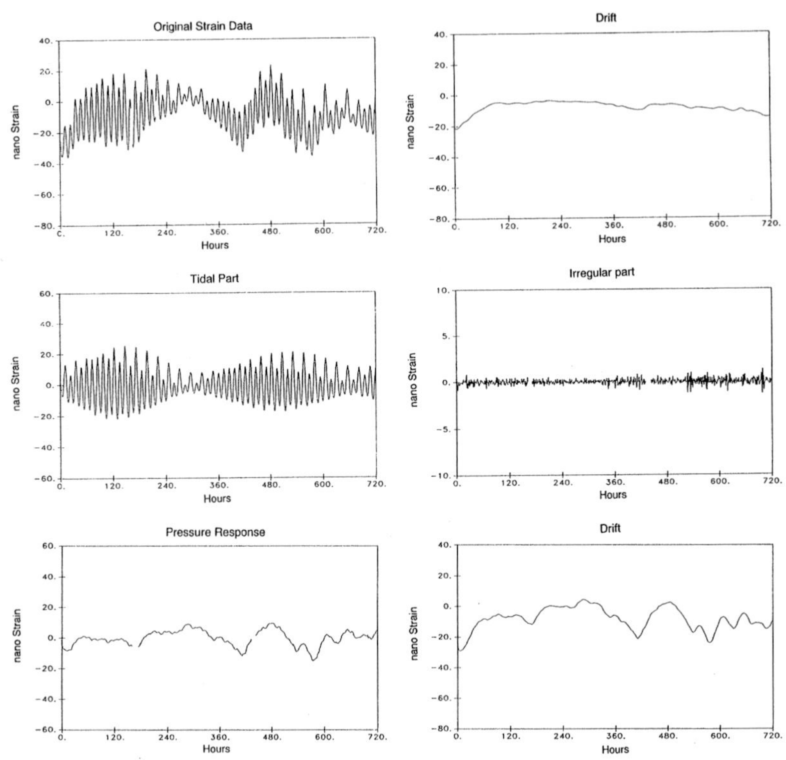

図 9.2 BAYTAP–G を用いた地殻ひずみデータの解析例．左上：欠測を含む観測値，左中央：潮汐成分，左下：気圧との応答成分，右上：ドリフト成分，右中央：不規則成分 (残差)，右下：気圧の応答を考慮をしなかった場合のドリフト成分

推定を行わず，潮汐とはまったく関係のない一般のレスポンス解析プログラムとしても使うことができる．

9.4 解析における注意点

BAYTAP–G についての補足的な説明とともに，いくつかの注意を述べる．

まず，BAYTAP–G は，潮汐定数を決定する「魔法の箱」ではないということである．解析しようとするデータに，もともと潮汐成分が含まれていなければ潮汐定数を決定しても意味の無いことである．データの潮汐解析を行う前に，なんらかのスペクトル解析を行い，潮汐成分の有無のおよその確認や，ノイズ・レベルの見当をつけておくことが望ましい．この目的には，図 9.1 のような単純な FFT によるスペクトル解析でも十分であろう．解析プログラムが巨大化し，内容がブラックボックス化すればするほど，利用者は入力データの質の吟味を責任をもって行わなければならない．

一般の最小 2 乗法では，最小の残差 2 乗和を与えるモデルが良いモデルとして採用される．しかしながら，BAYTAP–G では，残差 2 乗和を適当に小さくしながら，かつドリフトの形がなるべく滑らかになるようなモデルが選択される．モデルの良否の選択には，残差 2 乗和ではなく ABIC が用いられる．解析に並行観測データを用いない場合と用いた場合の比較では，一見残差 2 乗和があまり改善されないように見えることもある．しかしながら，図 9.2 の例に示したように，並行観測データを用いた方がはるかに直線に近いドリフトが求められ (超パラメータ v^2 の値が大きくなり)，小さな ABIC の値が得られる場合がある．またこの場合，残差 2 乗和があまり変わらなくても，潮汐定数の推定誤差が小さくなるのが普通である．

ABIC の使い方の注意であるが，これは同一データに対して，異なるモデルの良否をみる規準である．1 月の観測データのと，2 月の観測データの質のどちらが良いかといった判断材料には使えない．この目的のためには，異常値を含んでいないとすれば，ドリフトの硬さを決める超パラメータ v^2 の大小がひとつの目安として用いられる．

BAYTAP–G では，ドリフトの形の拘束条件の基本的なオプションとして，第 2 階差が 0 になるという仮定をおいた．ドリフトが直線的であるという仮定が有効に働くためには，解析しようとする現象に対して適当なサンプリング間隔が要求される．たとえば，数日周期のややゆっくりとした大気圧変動の応答を求めようとする場合，サンプリング間隔を 1 時間とはせずに，2〜3 時間間隔にとった方が良いこともある．

潮汐解析において，ドリフトの決定以外にベイズモデルを導入する余地としては，滑らかな周波数応答特性を表すために，潮汐定数 α_m，β_m に事前分布を

導入して，

$$\alpha_1 \approx \alpha_2 \approx \alpha_3 \approx \ldots \approx \alpha_M, \tag{9.11}$$

$$\beta_1 \approx \beta_2 \approx \beta_3 \approx \ldots \approx \beta_M \tag{9.12}$$

を満たすようにすることが考えられる．このような処理は，潮汐定数の分離には1年の観測期間を必要とするのに，実際の観測が半年しかないうような場合に適用すると良いであろう．

9.5 おわりに

潮汐解析プログラム BAYTAP–G は，FORTRAN77 言語で記述されている．開発当初は大型計算機上での使用を想定していたが，機種依存性を極力排しているので，各種ワークステーションや，パソコン上でも動かすことができる．実用的には，2MB 程度のメモリ・サイズを必要とするが，1ヶ月分程度のデータの解析に限定すれば，最小限 640KB メモリのパソコン上でも利用可能である．

プログラムは，単独にも，また時系列解析プログラムパッケージ TIMSAC–84 の一部として統計数理研究所から公開されている (Ishiguro and Tamura 1985)．現在，プログラムの維持管理は国立天文台・水沢で行っており，適当な媒体で配布可能である．両所とも大学共同利用機関であり，データを持参して来所し，共同利用の形で 2〜3 の試験的な解析を行ったうえで，プログラムの配布を受けることも可能である．

BAYTAP–G で決定された潮汐定数をもとに，潮汐を予測するプログラムも作成されている．こちらは比較的コンパクトであるので，パソコン程度でも十分に動かすことができる．データ収録装置に用いられるパソコン類に組み込めば，地殻変動の連続観測データから準リアルタイム的に潮汐成分を除くことも可能であろう．

これまでに種々の潮汐解析手法が開発されてきたが，手計算の時代ではいかに計算量を少なくするかに力点が置かれてきた．計算機が使われるようになってからも，初期の段階では同様な事情があり，いかにデータ量を圧縮するか，また，計算量を減らすかが重要な課題であった．今日ではこのような制限はほとんどなくなり，観測データに含まれる物理現象を可能な限り忠実にモデル化し，膨大な観測値から多数の未知数を同時に求めるようになってきた．職人的なテクニックを駆使する必要がなくなり，素直にモデル化を行うことで解析精度を上げることが可能になったわけである．

[田村 良明]

文 献

Akaike, H. (1980), "Likelihood and the Bayes procedure," *Bayesian Statistics*, eds. J. M. Bernardo, M. M. DeGroot, D. V. Lindley and A. F. M. Smith, University Press, Valencia, Spain, 143–166.

石黒真木夫, 佐藤忠弘, 田村良明, 大江昌嗣 (1984), 潮汐データ解析—プログラム BAYTAP の紹介—, 統計数理研究所彙報, Vol. 32, 71–85.

Ishiguro, M. and Y. Tamura (1985), "BAYTAP-G" in TIMSAC-84, *Computer Science Monographs*, Vol. 22, 56–117.

中川一郎, 田中寅夫, 中井新二 (1986), 現代測量学第 5 巻, 測地測量 (2) 付 1 章 地球潮汐, 日本測量協会, 243–259.

日本測地学会 (1994), 測地公式集, 69–116.

Tamura, Y. (1987), "A harmonic development of the tide-generating potential," *Marees Terrestres Bulletin d'Informations*, Vol. 99, 6813–6855.

Tamura, Y., T. Sato, M. Ooe and M. Ishiguro (1991), "A procedure for tidal analysis with a Bayesian information criterion," *Geophysical Journal International*, Vol. 104, 507–516.

10

地震に関連する地下水位変化の検出

10.1 はじめに

地震は，地殻にひずみが集積しつづけた結果大破壊が起き，ひずみエネルギーが波動として放出されたものである．大破壊直前には何らかの原因で地殻ひずみが変化すると考えられており，それを前兆として的確にとらえるために，南関東・東海地域を中心として，水準測量や傾斜計・体積ひずみ計，地下水位や地下水中のラドン濃度などの連続観測が行われている．地震前兆としての地殻変動の有名な例は，1944 年東南海地震 (M7.9) における静岡県掛川市の水準の変化である (茂木 1982).

地震に関連する地下水位の変化には，

1) 土地の隆起や帯水層の変形などによるもの

2) 断層運動による地下水の移動や地下水の流れの変化によるもの

3) 地震の揺れ，または表面波によるもの

の 3 種類が考えられる．1) および 2) による水位変化は地震の前にも起こる可能性があると考えられており，特に，地殻ひずみと明確な関係があるのは 1) によるものと考えられる．帯水層 (地下水で飽和した地層) を一種の巨大な体積ひずみ計であると考えれば，水位変化が地殻ひずみの状態を反映するためには，観測する地下水が正被圧の被圧水 (井戸の水位が対象とする帯水層の深さよりも上にある地下水) であり，さらに帯水層からの地下水の漏れが比較的少ない状

態である必要がある．このような帯水層中の地下水位は気圧と潮汐の影響を大きく受ける (たとえば Roeloffs 1988)．また，帯水層が比較的浅いところにある場合には，降雨の影響も無視できない．

上記の理由より，地殻ひずみの情報をよく反映する帯水層の水位から地殻ひずみだけの情報を抽出するためには，気圧と潮汐の補正が必要不可欠であり，さらに降雨の影響を補正しなければならない．このため，地震に関連する水位変化の定量的な評価には，気圧，潮汐および降雨の影響を補正する客観的な方法の確立が必要であるが，従来，気圧と潮汐の影響はそれぞれ 1 つずつの係数を用いた単純な線形モデル最小 2 乗法で見積もられ (Roeloffs 1988)，また，降雨の影響は客観的に定量化されることなく，雨量データそのものが参考データとして示されてきたのみであった．

本章では，状態空間モデルを用いてより実態に即したモデルを構成し，観測した地下水位時系列から気圧，潮汐，降雨効果とノイズ成分を分離し，地震に関連する水位変化としてそれらの影響を補正したトレンドを抽出する方法について述べる．また，この解析方法により，静岡県榛原観測井で 8 年 8 か月の間に 13 例の地震直後の水位の顕著な変化を検出したことについて述べる．

10.2　観測データ

地質調査所では，1994 年 3 月現在，南関東・東海地域の 7 カ所で 15 本の観測井を用いて地下水位，自噴量，地下水中ラドン濃度などの観測を行っている．そのうち，5 カ所 10 本で地下水位を観測している．本章では，静岡県榛原町にある榛原観測井での 1981 年 4 月から 1989 年 12 月までの水位データを解析に用いた．

榛原観測井の深度は 170m で，水位，気圧，雨量を 2 分間隔で観測し，リアルタイムで茨城県つくば市の地質調査所に電送している．1981 年 2 月から, 水位 ±1mm，気圧 1hPa，雨量 0.5mm の精度で観測を継続している (高橋 1993)．観測した水位，気圧，雨量および理論潮汐データを図 10.1 に示す．水位は，気圧，降雨および潮汐の影響を受けており，特に，気圧の影響が大きいことがわかる．

なお，1981 年 2 月から 1983 年 3 月までに電送されたデータには，テレメータ

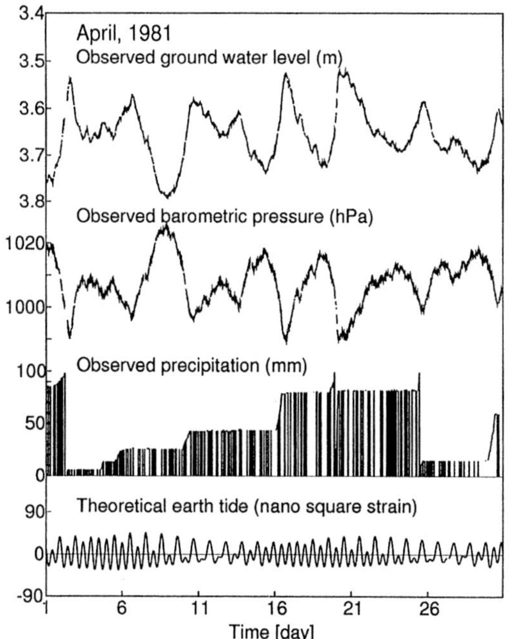

図 10.1 榛原観測井での 1981 年 4 月の水位，気圧，降雨データと理論潮汐データ．降雨データは積算値．ところどころ線が途切れているのは欠測である．

装置の不調で数%の欠測が含まれている．さらに，水位データには，テレメータ装置と水位観測装置の同期の問題で，異常値が含まれている．これらについて，別稿で紹介するデータの補間法および修復法によるデータの復元を行った後，以下で述べるような状態空間モデルによる解析を行った．

10.3 データ解析法

10.3.1 従来の解析法

ここでは，従来から気圧および潮汐の補正のために行われてきた解析法について述べる．

時刻 n に観測した水位を y_n，気圧を p_n，理論地球潮汐 (月と太陽の引力から計算される地殻のひずみ変化) を e_n とする．降雨が少ない期間に観測された水

位を，気圧と潮汐データを用いて，

$$y_n = ap_n + be_n + \varepsilon_n \tag{10.1}$$

の形の重回帰モデルで表す．ここで，ε_n は残差である．係数 a と b は通常の最小 2 乗法により，たとえば Householder 法 (坂元他 1983) などの計算法を用いて推定することができる．

この方法では気圧の時間遅れの影響 (次節参照) を考慮することができず，さらに降雨の影響は全く見積ることができない．そこで次節に示す解析法を開発した．

10.3.2　状態空間モデルによる解析

ここでは，状態空間モデルを用いて，観測した水位から気圧，潮汐，降雨の影響を推定し，これらの影響を除去することによって，地震に関連する水位変化を推定する方法について述べる．

この方法の概略は次の通りである．

1) 観測した水位に含まれる気圧，潮汐，降雨の影響を適切に表現する地下水位モデルの作成
2) 時系列モデルを状態空間モデルで表現し，カルマンフィルタで尤度を計算
3) パラメータの最尤推定値を非線形最適化法で探索
4) AIC 最小化法で最良の地下水位モデルを選択

以下では順に各項目の細部について説明する．

地下水位の時系列モデル　帯水層よりも上に位置し，水で飽和されていない地層の影響で，被圧水の水位に対する気圧の影響には時間遅れがある (Week 1978)．従来の地下水位の解析法ではこの影響を無視しており，さらに降雨の影響をまったく考慮していない．そこで，本章では，水位 y_n $(n = 1, \ldots, N)$，は気圧の影響 P_n，潮汐の影響 E_n，降雨の影響 R_n を用いて次の時系列モデルで表されると仮定する．

$$y_n = t_n + P_n + E_n + R_n + \varepsilon_n \tag{10.2}$$

ここで，ε_n は観測ノイズ等の偶然変動を表す項で，平均 0，分散 σ^2 の正規白色雑音とする．気圧の影響と潮汐の影響は気圧 p_n と潮汐 e_n の時間遅れの影響

を考慮し，インパルス応答型のモデル

$$
\begin{aligned}
P_n &= \sum_{i=0}^{\ell} a_i p_{n-i} \\
E_n &= \sum_{i=0}^{m} b_i e_{n-i}
\end{aligned}
\tag{10.3}
$$

で表現できるものと仮定する．さらに，降雨の影響は，降雨量 r_n を入力とする自己回帰型の線形モデル

$$
R_n = \sum_{i=1}^{k} c_i R_{n-i} + \sum_{i=1}^{k} d_i r_{n-i} \tag{10.4}
$$

で表されると仮定する．(10.4) のモデルを用いれば，少数個の変数で長期間の降雨の影響が表せる．ただし，降雨に対する水位の応答が振動するのは不自然であるため，自己回帰係数に適当な制約を課するべきである．トレンド t_n $(n = 1,\ldots,N)$ はランダムウォークモデル

$$
t_n = t_{n-1} + v_n, \qquad v_n \sim N(0, \tau^2) \tag{10.5}
$$

に従って徐々に変化するものと仮定する．トレンドは気圧，潮汐，降雨の影響を除去した後に残る変動成分であり，“補正後の水位”と呼ぶことにする．

状態空間表現とカルマンフィルタによるトレンドの推定　水位，気圧，降水量の観測値と理論潮汐の時系列データ (y_n, p_n, r_n, e_n)，$(n = 1,\ldots,N)$ が与えられたとき，モデル (10.2) – (10.5) に基づいてトレンド t_n を求める問題を考える．そのためには，N 個のトレンドの値に加え，気圧と潮汐の影響の係数 $a_0,\ldots,a_\ell$，$b_0,\ldots,b_m$，降雨の影響のモデルの係数 $c_1,\ldots,c_k$，$d_1,\ldots,d_k$，降雨の影響 $R_1,\ldots,R_N$，および分散 τ^2，σ^2，すなわち $2\times(N+k)+\ell+m+4$ 個の未知数を推定しなければならない．そこで，(10.2) – (10.5) の時系列モデルを状態空間モデル

$$
\begin{aligned}
x_n &= F x_{n-1} + M r_n + G v_n \\
y_n &= H_n x_n + w_n
\end{aligned}
\tag{10.6}
$$

を用いて表現する．ただし，状態ベクトル x_n は

$$
x_n = (t_n, a_0, \ldots, a_\ell, b_0, \ldots, b_m, R_n, \ldots, R_{n-k+1})^t \tag{10.7}
$$

で定義し，$v_n \sim N(0,\tau^2)$，$w_n \sim N(0,\sigma^2)$，

$$F = \left[\begin{array}{c|c|c|cccc} 1 & & & & & & \\ \hline & I_{\ell+1} & & & & & \\ \hline & & I_{m+1} & & & & \\ \hline & & & c_1 & 1 & & \\ & & & \vdots & & \ddots & \\ & & & c_{k-1} & & & 1 \\ & & & c_k & & & \end{array}\right], \quad G = \left[\begin{array}{c} 1 \\ \hline 0 \\ \hline 0 \\ \hline 0 \\ \vdots \\ 0 \\ 0 \end{array}\right], \quad M = \left[\begin{array}{c} 0 \\ \hline 0 \\ \hline 0 \\ \hline d_1 \\ \vdots \\ d_{k-1} \\ d_k \end{array}\right], \tag{10.8}$$

$$H_n = (1, p_n, \ldots, p_{n-\ell}, e_n, \ldots, e_{n-m}, 1, 0, \ldots, 0) \tag{10.9}$$

である．ここで，前述のパラメータのうち σ^2，τ^2，$c_1,\ldots,c_k$，$d_1,\ldots,d_k$ を既知と仮定すると，以下のカルマンフィルタと平滑化アルゴリズムを用いて効率的に状態ベクトル x_n を推定することができる．

カルマンフィルタ

[一期先予測]

$$\begin{aligned} x_{n|n-1} &= Fx_{n-1|n-1} + Mr_n \\ V_{n|n-1} &= FV_{n-1|n-1}F^t + \tau^2 GG^t \end{aligned} \tag{10.10}$$

[フィルタ]

$$\begin{aligned} K_n &= V_{n|n-1}H_n^t(H_nV_{n|n-1}H_n^t + \sigma^2)^{-1} \\ x_{n|n} &= x_{n|n-1} + K_n(y_n - H_nx_{n|n-1}) \\ V_{n|n} &= (I - K_nH_n)V_{n|n-1} \end{aligned} \tag{10.11}$$

ここで，V_n は x_n の共分散行列で，$x_{n|n-1}$ は時刻 $n-1$ までのデータを用いたときの x_n の推定値である．

さらに，以下の平滑化アルゴリズムにより，観測値が N 個得られたときの n 番目の状態ベクトル $x_{n|N}$ と共分散行列 $V_{n|N}$ を推定することができる．

[平滑化アルゴリズム]

$$\begin{aligned} A_n &= V_{n|n}F_{n+1}^tV_{n+1|n}^{-1} \\ x_{n|N} &= x_{n|n} + A_n(x_{n+1|N} - x_{n+1|n}) \\ V_{n|N} &= V_{n|n} + A_n(V_{n+1|N} - V_{n+1|n})A_n^t \end{aligned} \tag{10.12}$$

状態ベクトル x_n には，トレンド t_n のほか，降雨の影響 R_n，気圧係数 a_i，潮汐係数 b_i が含まれているので，これらの推定値が得られることになる．

上述のアルゴリズムによって，あらかじめ初期値として $x_{0|0}$，$V_{0|0}$，τ^2，σ^2，$c_1,\ldots,c_k$，$d_1,\ldots,d_k$ を与えれば，そのときの対数尤度と気圧，潮汐，降雨の影響，トレンド (補正後の水位) $t_1,\ldots,t_N$ が計算できる．

パラメータの推定とモデルの選択　τ^2，σ^2，$c_1,\ldots,c_k$，$d_1,\ldots,d_k$ の推定は最尤法によって行われる．地下水位モデルの対数尤度 $\ell(\theta)$ は

$$\ell(\theta) = -\frac{1}{2}\left\{N\log 2\pi + \sum_{n=1}^{N}\log D_{n|n-1} + \sum_{n=1}^{N}\frac{(y_n - y_{n|n-1})^2}{D_{n|n-1}}\right\} \tag{10.13}$$

で与えられる．ただし，

$$y_{n|n-1} = H_n x_{n|n-1}, \quad D_{n|n-1} = H_n V_{n|n-1} H_n^t + \sigma^2 \tag{10.14}$$

であり，これらはカルマンフィルタの結果を利用して計算することができる．

北川 (1993) によれば，状態空間モデルの分散 τ^2，σ^2 に関しては，その比 τ^2/σ^2 だけを定めれば，σ^2 は自動的に決定される．したがって，最適化で推定すべきハイパーパラメータ (事前分布のパラメータ) の数は 1 だけ減少して $2\times k+1$ 個となる．

気圧，潮汐，降雨の影響の次数 ℓ，m，k を固定したとき，最尤法を用いて $2\times k+1$ 個のハイパーパラメータを推定する．ただし，カルマンフィルタによって求められる尤度関数は，ハイパーパラメータに関して非線形であるため，ハイパーパラメータの最尤推定値 $\hat{\theta}$ を探すためには非線形最適化が必要である．本章では simplex 法 (たとえば Kowarik and Osborne 1968) を用いた．

次数の選択　最適な気圧，潮汐，降雨の影響の次数 ℓ，m，k は，AIC 最小化法を用いて決定した．地下水位モデルの場合，AIC は次式で与えられる．

$$\mathrm{AIC} = -2\times\ell(\hat{\theta}) + 2\times(\ell + m + 2k + 4) \tag{10.15}$$

この AIC がいちばん小さくなる次数を選択する．

10.4 解析の実際

解析の対象となったデータの総数は 8 年 8 か月分で約 7 万個である．このような多量のデータに対して気圧，潮汐，降雨の影響のさまざまな次数の組合せ

表 10.1　気圧の影響の次数 ℓ，潮汐の影響の次数 m と AIC．$\ell=22$，$m=2$ のとき AIC が最小である．

$\ell\backslash m$	0	1	2	3
18	−48439.9	−49229.7	−51405.2	−51089.4
19	−48601.5	−49201.9	−51453.3	−51266.8
20	−48706.7	−49013.5	−51474.0	−51357.7
21	−48753.1	−50455.2	−51477.9	−51384.1
22	−48738.2	−50448.2	−51485.8	−51372.3
23	−48654.4	−50407.9	−51404.6	−51265.8
24	−48521.1	−50305.4	−51256.9	−51171.0
25	−48492.5	−50226.2	−51202.5	−51198.0

(例えば $25\times 4\times 6=600$ 通り) を計算するのは，計算時間が膨大となる．そこで，実際には以下の手順で解析を行った．

10.4.1　気圧，潮汐の影響の次数の決定

はじめに，気圧と潮汐の影響のみを考慮したモデル

$$y_n = t_n + \sum_{i=0}^{\ell} a_i p_{n-i} + \sum_{i=0}^{m} b_i e_{n-i} + \epsilon_n \tag{10.16}$$

について，次数 ℓ，m と係数 $a_0,\ldots,a_\ell$，$b_0,\ldots,b_m$ を推定する．このモデルの状態空間表現は (10.8) 式から降雨の影響を取り除いた部分を用い，

$$F=\left[\begin{array}{c|c|c} 1 & & \\ \hline & I_{\ell+1} & \\ \hline & & I_{m+1} \end{array}\right],\quad G=\left[\begin{array}{c} 1 \\ \hline 0 \\ \hline 0 \end{array}\right] \tag{10.17}$$

$$H_n = (1, p_n, \ldots, p_{n-\ell}, e_n, \ldots, e_{n-m}) \tag{10.18}$$

となる．ここでは，初期値は，$x_{0|0}=(t_0,0,\ldots,0)^t$，$V_{0|0}=I$ とした．ここで，t_0 はトレンドの初期値で未知であるとした．すなわち，本節中で非線形最適化法で推定するパラメータは y_0 とハイパーパラメータ τ^2/σ^2 である．

比較的降雨が少なく，大きい地震の発生もなかった 1985 年 4 月から 12 月までの 6600 個のデータに対して，気圧と潮汐の影響の次数 ℓ，m を変えたモデルをあてはめ，AIC を計算した．その結果，表 10.1 の通り，$\ell=22$，$m=2$ のときに AIC が最小になった．

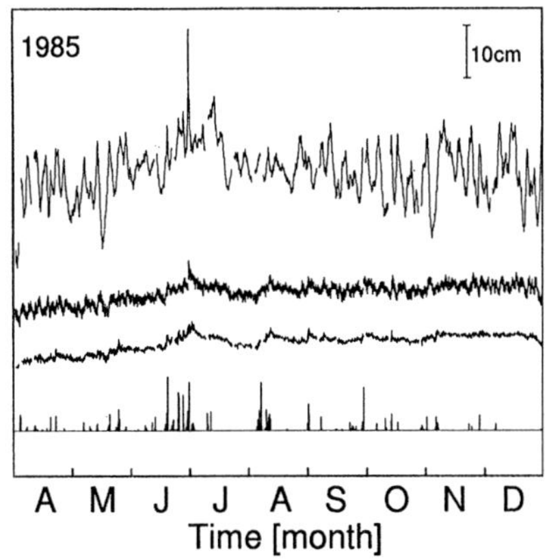

図 10.2 1985年4月–12月の気圧，潮汐の影響を取り除いたトレンドと従来法による結果との比較．上から観測した水位，従来法による補正結果，気圧と潮汐の影響のみ考慮した解析によるトレンド，および1時間当りの降水量

図 10.2 に $\ell = 22$, $m = 2$ のときのトレンド t_n の変化を示す．従来の解析法 (10.3.1項参照) で解析した残差 $y_n - p_n - e_n$ をも示した．

本節の解析の結果得られたトレンドは，従来法の結果に比べ，滑らかで，かつ降雨の影響がより明らかになった．これは，従来法の残差に含まれるノイズ成分が，今回の解析のトレンドからは取り除いてあるためであり，さらに，今回の解析では時間遅れをともなう気圧の影響を適切に推定できたためと考えられる．

10.4.2 降雨の影響のモデルの推定

次に，気圧と潮汐の影響の次数 ℓ, m を前項 (10.4.1項) で求めた $\ell = 22$, $m = 2$ に固定し，1981年4月から12月までの6600個のデータで (10.4) 式の降雨の影響の次数 k と係数 c_i, d_i $(i = 1, \ldots, k)$ を決定した．但し，気圧と潮汐の影響の係数 a_i, b_i は固定せず，同時に推定しなおした．

ハイパーパラメータの数が $2k + 1$ 個と，k の値によっては大きな数であるので，非線形最適化の際の初期値の設定が問題になる．今回は Matsumoto (1992) や松本，高橋 (1993) の方法，すなわち，気圧，潮汐の影響と降雨の影響を別々に求める比較的計算が容易な方法で，それぞれの次数における降雨の影響の係数を求めておき，それを初期値とした．その他の初期値は前項 (10.4.1項) と同

表 10.2 降雨の影響の次数 k と AIC．ただし，ℓ=22，m=2

k	AIC
1	−58371.7
2	−58374.3
3	−58538.2
4	−58534.7
5	−58530.4
6	−58536.0

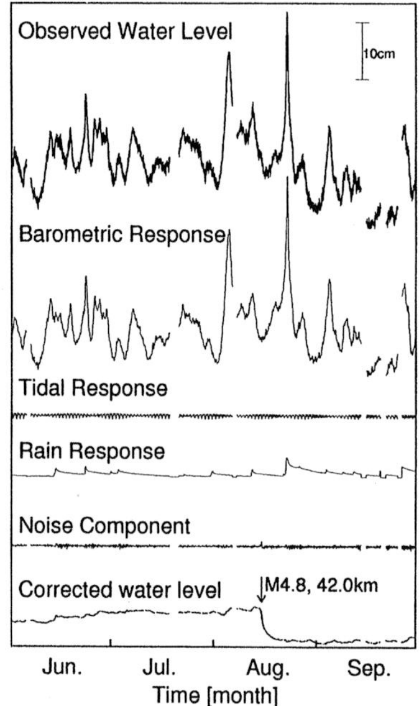

図 10.3 上から，1981 年 4 月-9 月に観測した水位，気圧，潮汐，降雨の影響，ノイズ成分，トレンド

様に設定した．ここでは，降雨の影響の次数 k $(k = 1, \ldots, 6)$ に対して最適化と AIC の計算を行った．その結果を表 10.2 に示す．

k=3 のときに AIC が最小となった．このモデルを用いて推定したトレンド t_n の変化を観測した水位とともに図 10.3 に示す．気圧，潮汐，降雨の水位への影響を適切に推定することができ，さらに，トレンドには，観測データではわか

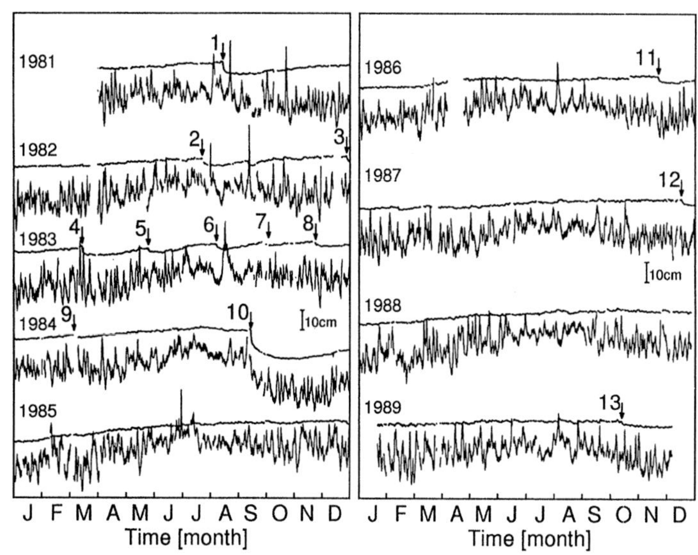

図 10.4　1981 年–1989 年の気圧，潮汐，降雨の影響を取り除いた補正後の水位 (トレンド)．太線が補正後の水位で，細線が観測した水位

らない M4.8 の地震後の水位変化が存在することがわかった．

10.4.3　全期間のトレンドを推定

(10.8) のモデルに前節までに求められた気圧，潮汐，降雨の影響の次数 ℓ，m，k を代入し，全期間 (1981 年 4 月から 1989 年 12 月まで) のデータの気圧，潮汐，降雨の影響と補正後の水位 (トレンド) を求める．この計算においても，推定するハイパーパラメータは $2 \times k + 1$ 個 $(c_1, \ldots, c_k, d_1, \ldots, d_k, \tau^2/\sigma^2)$ である．

これまでの解析で $\ell = 22$，$m = 2$，$k = 3$ が最適であることがわかったので，これを用いて，全期間のデータの気圧，潮汐，降雨の影響，ノイズ成分と補正後の水位 (トレンド) を推定した．欠測を除いたデータの個数は 68237 個である．求めた補正後の水位 (トレンド) を図 10.4 に示す．この解析により水位の補正を行った結果，8 年 8 か月の間に地震後の補正後の水位の顕著な変化を 13 例検出した．この 13 例の地震のマグニチュード，榛原観測井からの震源距離，水位低下量などを表 10.3 に示す．

地震発生後に顕著な補正後の水位の変化がみられた地震について，榛原観測井からの震源距離 Dis とマグニチュード M との関係を示したものが図 10.5 であ

表 10.3　図 10.4 中の補正後の水位 (トレンド) 変化を検出した地震のリスト．水位低下量のうち'–'は低下は確認できるが，その量を決めることができないもの

No.	年月日	震源距離	M	水位低下量	震央の位置
1	1981. 8. 15	42.0	4.8	6.3	掛川付近
2	1982. 7. 23	374.9	7.0	4.4	茨城県沖
3	1982. 12. 28	155.8	6.4	3.4	三宅島近海
4	1983. 3. 16	66.0	5.7	4.6	浜名湖付近
5	1983. 5. 26	621.9	7.7	1.5	日本海中部地震
6	1983. 8. 8	113.1	6.0	2.5	山梨県東部
7	1983. 10. 3	150.4	6.2	–	三宅島近海
8	1983. 11. 24	57.1	5.0	2.1	浜名湖付近
9	1984. 3. 6	741.5	7.9	–	鳥島近海
10	1984. 9. 14	128.0	6.8	14.1	長野県西部地震
11	1986. 11. 22	126.1	6.0	3.0	新島近海
12	1987. 12. 17	226.6	6.7	2.7	千葉県東方沖地震
13	1989. 10. 15	122.0	5.7	1.7	伊豆大島近海

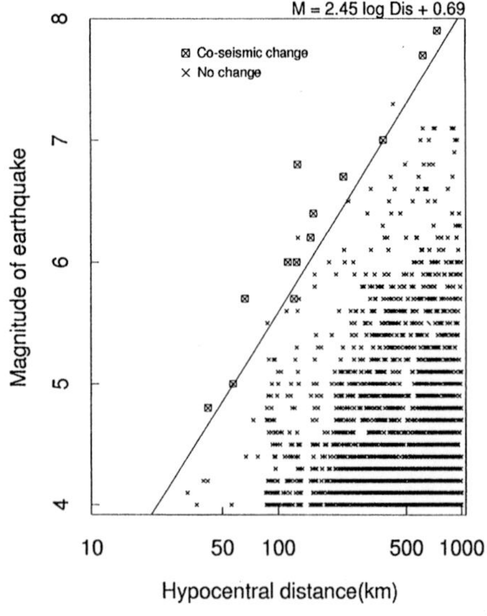

図 10.5　1981 年 4 月–1989 年 12 月の間に発生した地震のマグニチュードと榛原観測井からの震源距離との関係

る．榛原観測井では，$M = 2.45\log Dis + 0.69$ を境にして，地震のマグニチュード M が大きいか，震源距離 Dis が短い場合に，補正後の水位が地震直後に変化していることがわかる．

10.5 おわりに

地震の前後に地下水位が大きく変化することについては古くから報告されている (力武 1986)．しかし，水位は様々な原因により変化しており，水位に対する地震の影響を定量的に評価することは困難であった．本章では，適切な時系列モデルを利用して，地下水位データから気圧，潮汐，降雨の影響とノイズ成分を除去することにより，地震にともなう明瞭な水位変化を検出するできることを示した．この補正後の水位には，地震前兆とみられる変化が認められる例がある．たとえば，図 10.4 の中の No. 10 の地震前のゆっくりとした水位低下である．これについては現在さらに解析を進めている．

水位以外のひずみ，傾斜や重力などのデータについてもこのような解析が行われ，それぞれのデータと地震データとの関係をいろいろな角度から検討を進めていくことが，地震予知研究には必要不可欠であろう．

[松本 則夫]

文 献

北川源四郎 (1993), 時系列解析プログラミング, 岩波書店.

Kowalik, J. and Osborne, M. R. (1968), *Methods for unconstrained optimization problems,* Elsevier Publishing Company, Inc. (山本善之, 小山健夫訳 (1970), 非線形最適化問題, 培風館).

Matsumoto, N. (1992), "Regression analysis for anomalous changes of ground water level due to earthquakes," *Geophysical Research Letters*, Vol. 19, 1193–1196.

松本則夫, 高橋 誠 (1993), 地震にともなう地下水位検出のための時系列解析—静岡県浜岡観測井への適用—, 地震第 2 輯, Vol. 45, 407–415.

茂木清夫 (1982), 1944 年東南海地震直前の前兆的地殻変動の時間的変化, 地震第 2 輯, Vol. 35, 145–148.

力武常次 (1986), 地震前兆現象—予知のためのデータ・ベース, 東京大学出版会.

本稿は 1988 年から始まった統計数理研究所との共同研究の成果の一部です．北川源四郎教授にはこの研究の当初から暖かいご支援をいただきました．記して感謝の意を表します．

Roeloffs, E. A. (1988), "Hydrologic precursors to earthquakes: a review," *Pure and Applied Geophysics*, Vol. 126, 177–206.

坂元慶行, 石黒真木夫, 北川源四郎 (1983), 情報量統計学, 共立出版.

高橋 誠 (1993), 地震予知のための地下水テレメータ観測システム, 地学雑誌, Vol. 102, 241–251.

Weeks, E. P. (1978), "Field determination of vertical permeability to air in the unsaturated zone," *U. S. Geological Survey Professional Paper*, No. 1051, 1–41.

11

欠測値と異常値の処理

11.1 はじめに: 欠測値と異常値

計算機や計測機器の飛躍的な発展によって，さまざまな時系列が自動的かつ継続的に得られるようになり，大量のデータが時々刻々と蓄積されている．しかし長期間にわたって時系列の観測を行う場合，観測機器の故障などの偶然の要因や観測対象や観測システムの物理的制約などによって，時系列の一部が観測できないことがある．このような場合，観測できなかったデータのことを欠測値 (欠損値) と呼ぶ．わずか数パーセントの欠測値でもそれらが点在する場合，連続して観測された部分だけを取り出すと，実際に利用できるデータの長さはごく短くなってしまうことがある．

図 11.1 は，地質調査所が静岡県榛原町に掘削した深度 170m の坑井で観測した地下水位のデータを示す．この地点では 1979 年より地下水位，気圧，降水量などを 2 分間隔で観測している．水位計の分解能と精度は 1981 年 2 月までは 10cm，±20cm，それ以降は 1mm，±2mm である．以下の解析では 1981 年 4 月以降の観測値を 10 分の間隔でサンプルしたデータを用いている．

この地下水位データの解析においてまず問題となることはきわめて多数の欠測値を含むことである．図 11.1 では欠測値に縦軸の最小値を与えて表示している．従って，縦線は欠測がある部分を示しており観測区間の全面にわたって点在していることがわかる．従来はサンプル間隔を 1 時間とし連続的なデータが得られる部分だけで解析を行っていたが，この方法では 1983 年 3 月までは最大

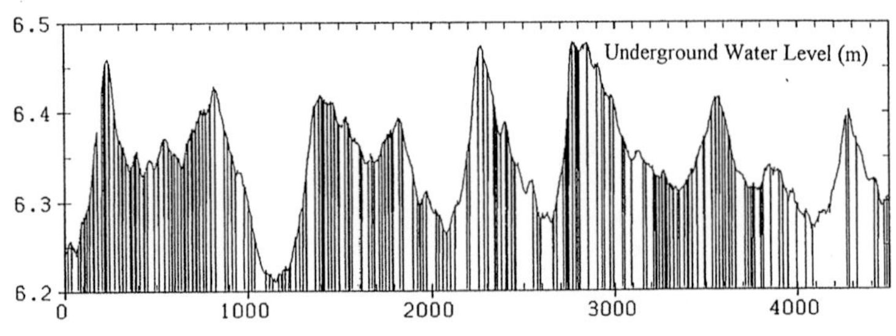

図 11.1　地下水位データ，単位 m，時間間隔 10 分

で 200 時間，それ以降でも最大 600 時間程度の連続したデータしか得られない．このような場合，欠測値を 0 やデータの平均値で置き換えたり直線補間によって推定したあと，すべての観測値が得られたものとみなして解析を行うことがある．このような処理は時系列に対して勝手なモデルを仮定していることに相当し，以後の解析に大きな偏りを生じる危険がある．したがって，長期間にわたって観測されたデータを有効に利用し，地下水位の異常を連続的にモニターするためには，欠測値が点在するデータでも自動的に処理し，モデルをあてはめたり欠測値を推定する方法の確立が必要である．

さらに，図 11.1 の地下水位データの一部分を拡大してみると図 11.2 に示すように上方への跳びが見られる．これは水位の計測時にセンサーとテレメータの非同期によって生じたもので，1990 年に新しい計測方法が導入されるまで続いている．このように通常のデータの変動からはかけはなれたような観測値を異常値 (外れ値) と呼ぶ．図 11.2 の場合，異常の原因がはっきりしており，人間にとっては比較的容易に検出できるものが多いが，約 52 万個のデータ中に数パーセント含まれる異常値を検出し修正するためには，自動的な処理方法の開発が必要である．

本章では，まず状態空間モデルとカルマンフィルタを用いて，欠測値を含むデータから時系列モデルのパラメータを推定する方法および推定されたモデルを用いて欠測値を推定する方法を示す．次に，異常値と欠測値が同時に存在するデータにモデルをあてはめたり，異常値を除去するために，状態空間モデルの観測ノイズに対して正規分布よりも裾が重い非ガウス型分布を用いる方法を紹介する．この方法により異常値の影響を適当に排除するモデリングが可能と

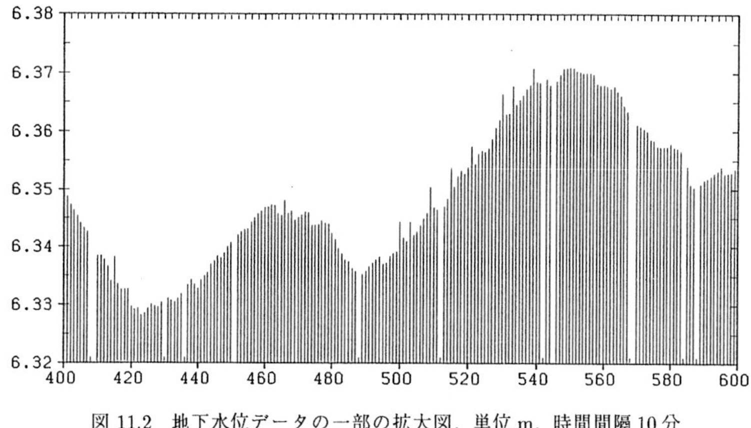

図 11.2 地下水位データの一部の拡大図，単位 m，時間間隔 10 分

なる．ただし，この場合にはカルマンフィルタは利用できないので非ガウス型のフィルタを用いる必要がある．

11.2 欠測値の処理

11.2.1 時系列の状態空間モデル

y_n を ℓ 変量の時系列とする．このとき，この時系列を表現する次のようなモデルを状態空間モデルと呼ぶ．

$$x_n = F_n x_{n-1} + G_n v_n \qquad \text{(システムモデル)} \tag{11.1}$$

$$y_n = H_n x_n + w_n \qquad \text{(観測モデル)} \tag{11.2}$$

ここで x_n は直接には観測できない k 次元のベクトルで状態と呼ばれる．v_n はシステムノイズと呼ばれ，平均ベクトル 0，分散共分散行列 Q_n に従う m 次元の正規白色雑音である．一方 w_n は観測ノイズと呼ばれ，平均ベクトル 0，分散共分散行列 R_n の ℓ 次元の正規白色雑音とする．F_n，G_n，H_n はそれぞれ $k \times k$，$k \times m$，$\ell \times k$ の行列である．時系列解析で用いられる線形モデルの多くは，この状態空間モデルの形で表現して，統一的に取り扱うことができる．

例えば，時系列 y_n が AR モデル

$$y_n = \sum_{i=1}^{k} a_i y_{n-i} + v_n \tag{11.3}$$

に従うときには，状態ベクトルを $x_n = (y_n, y_{n-1}, \ldots, y_{n-k+1})^t$ と定義し，F，G，H をそれぞれ

$$F = \begin{bmatrix} a_1 & a_2 & \cdots & a_k \\ 1 & \cdots & 0 & 0 \\ \vdots & \ddots & \vdots & \vdots \\ 0 & \cdots & 1 & 0 \end{bmatrix}, \qquad G = \begin{bmatrix} 1 \\ 0 \\ \vdots \\ 0 \end{bmatrix}, \tag{11.4}$$
$$H = [1\ 0 \cdots 0]$$

とおき，$Q_n = \sigma^2$，$R_n = 0$ とすれば AR モデルの状態空間モデルが得られる．また，$R_n = \sigma^2$ とおくと AR 過程に分散 σ^2 の観測ノイズが加わった時系列が表現できる．

11.2.2 カルマンフィルタによる状態の推定

時系列の状態空間モデルを用いると，欠測値を含むデータでも厳密な尤度が計算でき，パラメータの最尤推定値を求めることができる．I_n は時刻 n までに時系列が実際に観測された時点を集めた集合とする．欠測がない場合には $I_n = \{1, \ldots, n\}$ である．このとき，観測値 $Y_m \equiv \{y_i | \ i \in I_m\}$ にもとづいて時刻 n における状態 x_n の推定を行う問題を考えることにする．とくに，$m < n$ の場合は予測，$m = n$ の場合はフィルタ，$m > n$ の場合は平滑化の問題と呼ばれる．

観測値 Y_m が与えられたときの x_n の条件付平均を $x_{n|m}$，その分散共分散を $V_{n|m}$ と表すことにする．欠測がない場合，一期先予測 $x_{n|n-1}$, $V_{n|n-1}$ とフィルタ $x_{n|n}$, $V_{n|n}$ は以下のカルマンフィルタにより逐次的に計算することができる．

[一期先予測]

$$\begin{aligned} x_{n|n-1} &= F_n x_{n-1|n-1} \\ V_{n|n-1} &= F_n V_{n-1|n-1} F_n^t + G_n Q_n G_n^t \end{aligned} \tag{11.5}$$

[フィルタ]

$$\begin{aligned} K_n &= V_{n|n-1} H_n^t (H_n V_{n|n-1} H_n^t + R_n)^{-1} \\ x_{n|n} &= x_{n|n-1} + K_n (y_n - H_n x_{n|n-1}) \\ V_{n|n} &= (I - K_n H_n) V_{n|n-1}. \end{aligned} \tag{11.6}$$

y_n が欠測の場合には $I_n = I_{n-1}$ となり $Y_n = Y_{n-1}$ がなりたつ．したがって，y_n が欠測の場合には，$x_{n|n} = x_{n|n-1}$，$V_{n|n} = V_{n|n-1}$ となるのでフィルタのステップを省略すればよい．形式的には，$R_n = \infty$ とおいて $K_n = 0$ となるようにし，フィルタのステップを実行したとみなすこともできる．

$x_{n|n-1}$ と $V_{n|n-1}$ が求められているとき，(11.2) を用いると y_n の予測値とその分散共分散行列は

$$\begin{aligned} y_{n|n-1} &= H_n x_{n|n-1} \\ d_{n|n-1} &= H_n V_{n|n-1} H_n^t + R_n \end{aligned} \tag{11.7}$$

により簡単に求めることができる．

11.2.3 時系列モデルの尤度計算とパラメータ推定

パラメータ θ によって規定される時系列モデルがあり，その状態空間モデルが与えられているものとする．時系列 $Y_N = \{y_n | n \in I_N\}$ が与えられたとき，この時系列モデルによって定まる Y_N の同時密度関数を $f_N(Y_N|\theta)$ と表すことにする．このとき，このモデルの尤度は

$$L(\theta) = f_N(Y_N|\theta) \tag{11.8}$$

によって定義される．ここで，y_n が観測されたときには $Y_n = \{Y_{n-1}, y_n\}$ となることから

$$f_n(Y_n|\theta) = f_n(Y_{n-1}, y_n|\theta) = f_{n-1}(Y_{n-1}|\theta)\, g_n(y_n|Y_{n-1}, \theta) \tag{11.9}$$

と分解することができる．したがって $n = N, N-1, \ldots, 2$ について

$$f_n(Y_n|\theta) = \begin{cases} f_{n-1}(Y_{n-1}|\theta)\, g_n(y_n|Y_{n-1}, \theta) & y_n \text{ が観測されたとき} \\ f_{n-1}(Y_{n-1}|\theta) & y_n \text{ が欠測のとき} \end{cases}$$

を繰り返し適用すると，時系列モデルの尤度は条件付き密度関数の積により

$$L(\theta) = \prod_{n \in I_N} g_n(y_n|Y_{n-1}, \theta) \tag{11.10}$$

と表現できる．ただし，簡単のために $Y_0 = \phi$ (空集合) とし，$f_1(y_1|\theta) \equiv g_1(y_1|Y_0, \theta)$ と表すことにする．また，$\prod$ は $n \in I_N$ をみたすすべての n に関する積を表す．このとき対数尤度は

$$\ell(\theta) = \log L(\theta) = \sum_{n \in I_N} \log g_n(y_n|Y_{n-1}, \theta) \tag{11.11}$$

で与えられる．

$g_n(y_n|Y_{n-1},\theta)$ は観測値 Y_{n-1} が与えられたときの y_n の予測分布で，(11.7) で示したように平均 $y_{n|n-1}$，分散共分散行列 $d_{n|n-1}$ の ℓ 次元正規分布となるので，予測誤差ベクトルを $\varepsilon_n = y_n - y_{n|n-1}$ と定義しておくと

$$g_n(y_n|Y_{n-1},\theta) = \left(\frac{1}{\sqrt{2\pi}}\right)^{\ell} |d_{n|n-1}|^{-\frac{1}{2}} \exp\left\{-\frac{1}{2}\varepsilon_n^t d_{n|n-1}^{-1}\varepsilon_n\right\} \tag{11.12}$$

と表すことができる．したがって，これを (11.11) に代入することにより，この時系列モデルの対数尤度は

$$\ell(\theta) = -\frac{1}{2}\left\{\ell N \log 2\pi + \sum_{n\in I_N} \log|d_{n|n-1}| + \sum_{n\in I_N} \varepsilon_n^t d_{n|n-1}^{-1}\varepsilon_n\right\} \tag{11.13}$$

によって求められることがわかる．

AR モデル，ARMA モデルなどの定常モデルやトレンドモデル，季節調整モデルなどの多くの非定常モデルは線形ガウス型の状態空間モデルの形で表現できる．したがって，このような時系列モデルに対してはデータに欠測値が含まれる場合にも，カルマンフィルタの利用により対数尤度を計算するための統一的なアルゴリズムが得られたことになる．時系列モデルのパラメータの最尤推定値を求めるためには，このようにして求めた対数尤度を目的関数として数値的最適化の方法によりこれを最大とするパラメータを求めればよい (北川 1993)．

モデル推定における欠測値の影響を調べるために以下のような実験を行った．図 11.3 は時系列解析においてよく知られた Canadian Lynx Data で動物の毎年の捕獲数を表す．データ数は $N = 114$．このデータに対して，いろいろな次数の AR モデルを最尤法で推定し AIC で比較した結果 11 が最適な次数として選

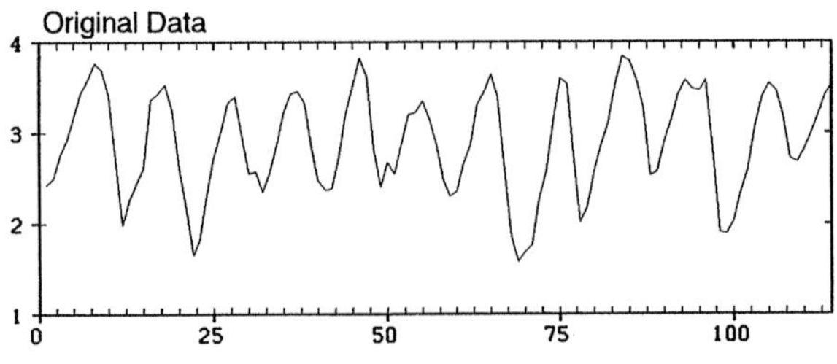

図 11.3　Canadian Lynx Data

択された．簡単のために以下では次数をこの11に固定し，$\alpha = 10\%, 20\%, 30\%, 40\%, 50\%$ のデータが欠測値となった場合を想定する．欠測の場所としては以下の3つの場合を想定した．

1) 短縮　データの終端部分を欠測値とする．この場合は単にデータ数が少なくなる．

2) ランダム　乱数を用いて欠測値とする点をランダムに選択する．

3) 連続　$n = 21$ および $n = 71$ の点から $\alpha/2\%$ ずつの点を連続的に欠測値とする．

推定したモデルのよさはカルバック・ライブラー情報量 $I(g; f)$ で評価した．ただし，g と f はそれぞれ，$N = 114$ 個のデータを用いて推定したARモデルと欠測値を含むデータから推定したARモデルによって定まる分布である．それぞれのモデルのパラメータが $(\sigma^2, a_1, \ldots, a_{11})$ および $(\hat{\sigma}^2, \hat{a}_1, \ldots, \hat{a}_{11})$ とするとき，$I(g; f)$ は具体的に

$$I(g; f) = -\frac{1}{2}\left\{1 + \log\left(\frac{\sigma^2}{\hat{\sigma}^2}\right) + \sigma^{-2}\left(C_0 - 2\sum_{m=1}^{11}\hat{a}_m C_m + \sum_{m=1}^{11}\sum_{l=1}^{11}\hat{a}_m\hat{a}_l C_{m-l}\right)\right\} \tag{11.14}$$

で計算できる．ただし，C_k は真のモデルから定まる自己共分散関数でユール・ウォーカー方程式

$$\begin{aligned} C_0 &= \sum_{i=1}^{11} a_i C_i + \sigma^2 \\ C_k &= \sum_{i=1}^{11} a_i C_{k-i}, \qquad k = 1, \ldots, 11 \end{aligned} \tag{11.15}$$

を解くことによって求めることができる．

表11.1に α の値を変化させた時の情報量 $I(g; f)$ の変化を示している．欠測値がランダムに点在し，連続的な観測区間がわずかしか得られない場合でも，単にデータ数が $\alpha\%$ 減少した程度にしか悪化していない．また，同じデータ数の場合には，ランダムに欠測がある方がかえってよいモデルが得られることがある．

表 11.1 欠測値の影響，$I(g;f)$ の値

α	短縮	ランダム	連続
10%	0.00262	0.00476	0.00701
20%	0.00504	0.00843	0.01998
30%	0.00731	0.01192	0.17355
40%	0.07128	0.04692	0.08226
50%	0.09432	0.10036	0.18144

表 11.2 AR 次数による $I(g;f)$ の変化

次数	$I(g;f)$	次数	$I(g;f)$	次数	$I(g;f)$
1	0.5100	7	0.0982	13	0.0103
2	0.1598	8	0.0899	14	0.0104
3	0.1544	9	0.0857	15	0.0107
4	0.1342	10	0.0608	16	0.0181
5	0.1254	11	0.0000	17	0.0182
6	0.1230	12	0.0093	18	0.0249

表 11.2 は $N = 114$ のすべてのデータを用いて AR モデルを推定したときの各次数のモデルと 11 次のモデルの違いを情報量 $I(g;f)$ で評価したものである．この表からわかるように，欠測点がランダムに配置された場合には 40% 程度の欠測値があっても次数 10 以下のモデルと同等以上のモデルが得られていることがわかる．

図 11.4 はランダムに欠測値が現れた場合に推定された AR モデルから計算されたスペクトルがどのように変化するかを示したものである．横軸は周波数，縦軸はパワースペクトルの対数値を表す．(a) は欠測値がない原データによる推定値である．一方，(b)，(c)，(d) はそれぞれ，10%，30%，50% の観測点がランダムに欠測となった場合の推定値である．多数の欠測値がある場合にも，ほとんど変化が見られないことがわかる．

11.2.4 平滑化による欠測値の補間

平滑化の問題は時系列 $Y_N = \{y_n | n \in I_N\}$ が与えられたとき，状態 $x_n, 1 \leq n \leq N$ を推定する問題である．この平滑化に関してもカルマンフィルタと同様に固定区間平滑化と呼ばれる逐次的なアルゴリズムが利用できる．フィルタが

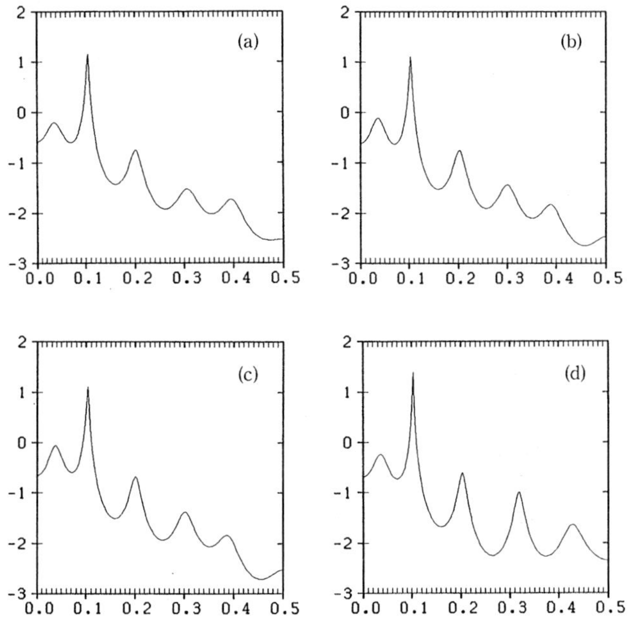

図 11.4 欠測値によるスペクトルの変化；(a) 原データ，(b) 10%欠測，(c) 30%欠測，(d) 50%欠測

時刻 n までの観測値だけを用いて x_n を推定しているのに対し，平滑化のアルゴリズムは得られているすべての観測値を用いて推定を行っている．したがって，平滑化を行えばフィルタよりも精度のよい状態の推定値が得られる．

[固定区間平滑化]

$$
\begin{aligned}
A_n &= V_{n|n} F_{n+1}^t V_{n+1|n}^{-1} \\
x_{n|N} &= x_{n|n} + A_n (x_{n+1|N} - x_{n+1|n}) \\
V_{n|N} &= V_{n|n} + A_n (V_{n+1|N} - V_{n+1|n}) A_n^t .
\end{aligned}
\tag{11.16}
$$

平滑化のアルゴリズムではカルマンフィルタの結果，すなわち $x_{n|n-1}$，$x_{n|n}$，$V_{n|n-1}$，$V_{n|n}$ が計算に利用される．したがって，平滑化を行うためには，まずカルマンフィルタによって $\{x_{n|n-1}, x_{n|n}, V_{n|n-1}, V_{n|n}\}$, $n = 1, \ldots, N$ を順次求めたあと，(11.16) のアルゴリズムによって $x_{N-1|N}, V_{N-1|N}$ から順に時間的に逆方向

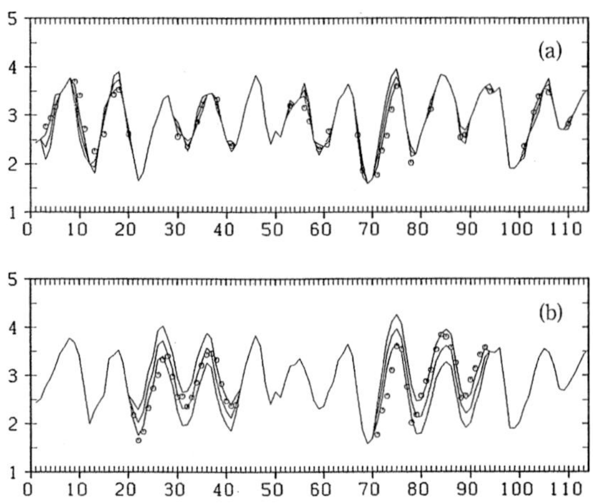

図 11.5　40%の欠測値がある場合の補間，(a) ランダムな欠測値の場合，(b) 連続的な欠測値の場合

に $x_{1|N}, V_{1|N}$ まで求めればよい．なお，平滑化のアルゴリズムを実行するためには初期値 $x_{N|N}, V_{N|N}$ が必要であるが，これらはカルマンフィルタによって求められることに注意しよう．

状態 x_n の平滑値を用いると欠測値の補間が直ちに実現できる．すなわち，状態 x_n と時系列 y_n の関係が観測モデル (11.2) により与えられているので，(11.7) と同様に，欠測値 y_n の補間値とその分散共分散行列はそれぞれ

$$y_{n|N} = H_n x_{n|N} \tag{11.17}$$

$$d_{n|N} = H_n V_{n|N} H_n^t + R_n \tag{11.18}$$

により求めることができる．

図 11.5 は 40% の欠測値がある場合に，推定されたモデルを用いてその欠測値を推定した結果である．(a) は欠測値がランダムに現れた場合，(b) は連続的に現れた場合である．実線は推定値とその標準誤差幅を示す．また，∘ は欠測値と仮定し計算には用いなかった実測値を示す．(a) のランダムな場合には前後に観測値があることが多いので，欠測値の推定精度はかなりよい．一方，(b) の連続的に欠測値がある場合には欠測区間の中心部分で推定誤差幅が大きくなっているが，時系列の周期的な変動をよく再現している．

11.3　異常値の処理

11.3.1　非ガウス型状態空間モデル

図 11.1 – 図 11.2 で示したようなデータに含まれる異常値と欠測値の処理のために，本節では以下のような簡単な非ガウス型状態空間モデルを考えることにする．

$$\begin{aligned} x_n &= x_{n-1} + v_n \\ y_n &= x_n + w_n \end{aligned} \tag{11.19}$$

ただし，v_n は平均が 0，分散が τ^2 の正規分布 $q(v|\tau^2)$ に従うが，w_n は必ずしも正規分布とは限らず，以下に示すような密度関数 $r(w|\theta)$ に従うものとする．一般には，(11.1)，(11.2) の状態空間モデルにおいて観測ノイズ w_n を非ガウス型にしたモデルを考えることができる．

図 11.2 のような異常値が含まれるデータの処理のためには観測ノイズの分布として正規分布より裾の重い分布を用いることが考えられる．そのような分布の代表的なものとしてはコーシー分布

$$r_c(w|\sigma^2) = \frac{\sigma}{\pi(w^2+\sigma^2)} \tag{11.20}$$

がある．コーシー分布の密度関数 $r_c(w|\sigma^2)$ は 0 の付近では大きな値をとり，w の絶対値が大きくなるとき正規分布ほど急激に減衰しない．したがって，コーシー分布を用いれば，高い確率で 0 に近い値をとるが，低い確率ではきわめて大きな変動が現れる可能性もあることを表現でき，異常値の出現を簡単にモデル化できる．

ただし，地下水位データの場合の異常は計測方式の問題によるもので常に正の側に現れる．したがって，この場合には混合ガウス分布

$$r_m(w|\alpha,\sigma^2,\mu,r^2) \sim (1-\alpha)N(0,\sigma^2) + \alpha N(\mu,r^2), \qquad \mu > 0 \tag{11.21}$$

も試みた．ここで，$N(0,\sigma^2)$ は平均 0，分散 σ^2 の正規分布を表し，正常時の観測ノイズに対応する．一方，$N(\mu,r^2)$ は異常時の分布を表す．

11.3.2　非ガウス型フィルタと平滑化

(11.19) のトレンドモデルの観測ノイズに対し (11.20) または (11.21) の分布を想定することにより図 11.2 のような異常値を含むデータの平滑化が行える．

ただし，これらの非ガウス型分布の場合にはカルマンフィルタではよい推定値は得られないので，観測値 Y_m が与えられたときの状態 t_n の条件付密度関数 $p(t_n|Y_m)$ を直接計算する以下の非ガウス型フィルタおよび平滑化のアルゴリズムを用いる必要がある．

[非ガウス型フィルタ/平滑化]

$$\begin{aligned} p(t_n|Y_{n-1}) &= \int_{-\infty}^{\infty} q(t_n - t_{n-1}|\tau^2) p(t_{n-1}|Y_{n-1}) dt_{n-1} \\ p(t_n|Y_n) &= \frac{r(y_n - t_n|\theta) p(t_n|Y_{n-1})}{p(y_n|Y_{n-1})} \\ p(t_n|Y_N) &= p(t_n|Y_n) \int_{-\infty}^{\infty} \frac{q(t_{n+1} - t_n|\tau^2) p(t_{n+1}|Y_N)}{p(t_{n+1}|Y_n)} dt_{n+1} \end{aligned} \tag{11.22}$$

ただし，$p(y_n|Y_{n-1}) = \int r(y_n - t_n|\theta) p(t_n|Y_{n-1}) dt_n$ である．上式において p と r は一般には非ガウス型の分布となるのでカルマンフィルタのように平均ベクトルと分散共分散行列を求めるだけでは分布を確定することはできない．したがって，非ガウス型のフィルタおよび平滑化のアルゴリズムを実現するためには，一般の密度関数を近似する方法が必要である．その一つの方法としては t_n の値域を適当な個数，たとえば 400 個に分割し，各小区間では密度関数は一定の値をとると仮定して階段関数で近似する方法がある．このとき，(11.22) の各式は各区間上での値の積や和を用いて計算することができる．詳しくは北川 (1993) を参照．

11.3.3　異常値の処理

表 11.3 はそれぞれのモデルの AIC とパラメータの最尤推定値の値を示す．明らかに，混合ガウス分布を用いたモデルがよいことがわかる．コーシー分布を用いたモデルの AIC は通常の正規分布のモデルよりも悪くなっているが，これは図 11.2 の異常値が正の側ばかりに発生しているにもかかわらず両側に裾の重

表 11.3　観測ノイズに仮定した 3 つのモデルと AIC の値およびパラメータの最尤推定値

モデル	AIC	$\hat{\tau}^2$	$\hat{\sigma}^2$	$\hat{r}^2$	$\hat{\alpha}$	$\hat{\mu}$
正規分布	−8741.1	0.28×10^{-5}	0.18×10^{-6}			
コーシー分布	−8654.9	0.19×10^{-5}	0.18×10^{-6}			
混合ガウス分布	−8936.1	0.16×10^{-5}	0.13×10^{-6}	0.10×10^{-5}	0.05	0.004

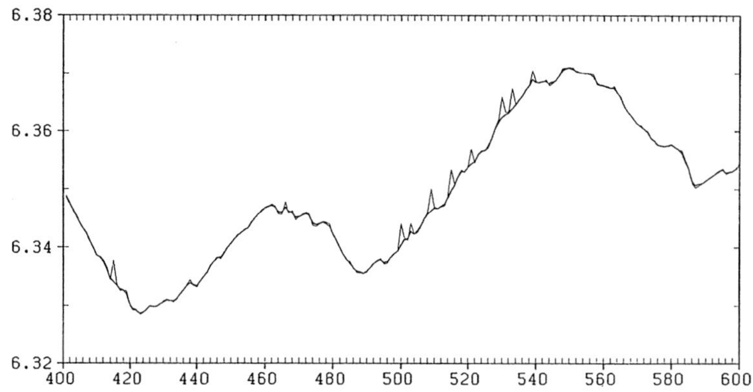

図 11.6 非ガウス型平滑化によって得られたトレンド；細線 正規分布モデル，太線 混合ガウスモデル

い分布を用いたからである．

図 11.6 には非ガウス型平滑化により推定したトレンドのごく一部が示してある．細線は正規分布のモデルによる推定値，太線は混合ガウス分布のモデルによる推定値である．正常時には観測ノイズは極めて小さいため正規分布の分散の最尤推定値は小さな値となり，異常値の部分ではトレンドが大きく上方へ飛び跳ねている．一方，混合ガウス分布の場合はこのような場合にも適当に無視してトレンドの推定値は極めて滑らかなものが得られている．

11.3.4 構造変化の検出

状態空間モデルにおいて非ガウス型の分布をシステムノイズに利用すると，システムの状態が突然変化するような場合にも対応することができる．図 11.7 に示す人工的に作成したデータでは途中 3 カ所で平均値が急激に変化している．このようなデータに対して，(11.19) のトレンドモデルにおいてシステムノイズ，観測ノイズともに正規分布に従うものと仮定してトレンドを推定すると図 11.8 (a) のようにトレンドは波をうち，しかも急激な変化には対応できず遅れが見られる．

そこで，システムノイズに対してピアソン分布族のモデルをあてはめた．ピアソン分布族は密度関数が

$$q(v|b,\tau^2) = \frac{c}{(v^2+\tau^2)^b} \tag{11.23}$$

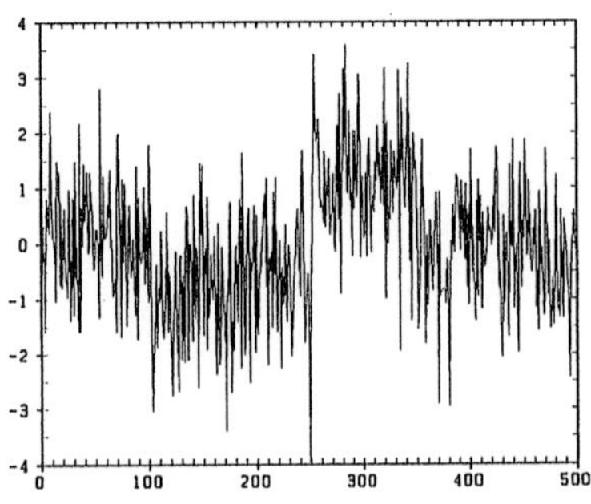

図 11.7　人工的に作成した平均値が突然変化するデータ

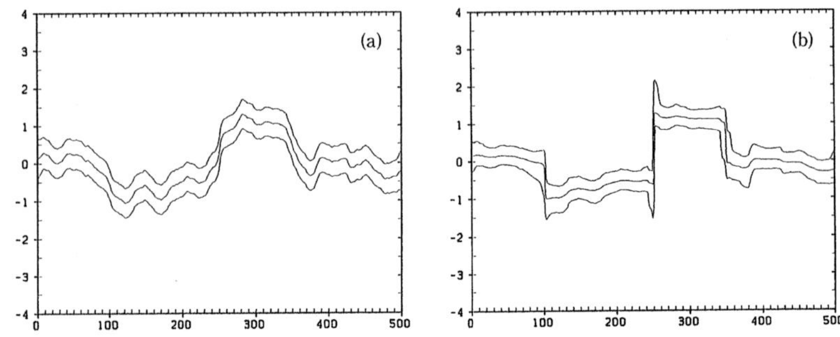

図 11.8　推定したトレンドのメディアンおよび90%誤差幅，(a) ガウス型モデル，(b) 非ガウス型モデル

で与えられる分布である．ただし，$0.5 < b < \infty$，c は $q(v)$ の全空間での積分が1となるようにするための定数で $c = \tau^{2b-1}\Gamma(b)/\Gamma(\frac{1}{2})\Gamma(b-\frac{1}{2})$ である．b は分布の形を表すパラメータで，$b = 1$ のときはコーシー分布，$b = \infty$ のときには正規分布となる．τ^2 は分布の広がりに関連するパラメータである．表 11.4 に b の値を変化させたときの AIC の値の変化と，それぞれの場合に推定されたパラメータの最尤推定値を示す．AIC の値から $b = 0.75$ の場合がもっとも良く，$b = \infty$ の正規分布の場合がもっとも悪いことがわかる．

図 11.8 (b) はもっとも良いモデルと判断された $b = 0.75$ のモデルを用いて，非ガウス型平滑化により推定したトレンドである．ガウス分布による場合と比べて，全体的に滑らかな推定値が得られており，また3カ所のジャンプがよく検出されている．

表 11.4 システムノイズによる AIC の変化

b	$\hat{\tau}^2$	$\hat{\sigma}^2$	log-likelihood	AIC
0.6	1.30×10^{-8}	1.024	−741.99	1487.98
0.75	2.20×10^{-7}	1.022	−741.94	1487.89
1.0	3.48×10^{-5}	1.022	−742.25	1488.50
2.0	1.05×10^{-2}	1.018	−745.25	1495.50
∞	1.22×10^{-2}	1.043	−748.52	1501.03

11.4 まとめ

状態空間モデルとカルマンフィルタの利用により，時系列に欠測値が含まれる場合にもパラメータを推定することができる．また，推定したモデルを利用すると欠測値を推定することができる．さらに，適当な非ガウス型の分布を観測ノイズに利用することにより，異常値を含むデータの処理を行うことができる．

11.3 節ではトレンドモデルを用いて欠測値の補間と異常値の処理を行う方法を示したが，データが大量でなく，次数が低い場合には AR モデルや ARIMA モデルなどを直接，欠測値や異常値があるデータにあてはめたり平滑化に用いることも可能である．

[北川 源四郎]

文　献

片山 徹 (1983), 応用カルマンフィルタ, 朝倉書店.

北川源四郎 (1993), FORTRAN77 時系列解析プログラミング, 岩波書店.

松本則夫, 高橋 誠, 北川源四郎 (1989), 地震にともなう地下水位変動の定量的な検出法の開発—多変量線形回帰モデルの地下水位時系列への適用—, 地質調査月報, Vol. 40, No. 11, 613–623.

松本則夫, 北川源四郎, 高橋 誠 (1989), 定常時系列モデルによる地震にともなう地下水位変化の検出, 地震学会 1989 年度秋期大会講演演予稿集, p224.

データを提供された地質調査所の高橋誠，松本則夫の両氏に感謝します.

12

時系列解析の心構え

12.1 はじめに

科学的な研究の進め方には，研究者の持つ哲学あるいは心理的な枠組が反映される．統計的な研究方法は，もともと対象の構造が確定できない場合に採用されるものであるから，適用に際しては特にそれなりの心構えが要求される．通常の統計学の教科書では，この様な側面は議論されない．本書に収められている時系列解析の実際例は，具体的な問題に対して，どの様な考えに従って接近することにより成果が得られたかを見るうえで貴重なものである．

筆者自身，いくつかの実際的問題の処理に関係する研究に参加し，新しい方法の提案と具体的成果の獲得の経験を持つが，ここではこれらの経験に基づき，時系列解析を進める際の心構えに関わるものと思われるいくつかの事柄について，統計モデルの取扱を中心に簡単に述べることにする．

12.2 時系列解析と統計科学

統計という言葉は，もともと国勢の記述にかかわる資料に対して用いられたという歴史的な経緯から，一般にデータの集団あるいはその特性値を意味するものとして捉えられ，統計の学としての統計学も大量のデータの取扱の方法の学として出発した．理論の精密化に伴い，少数のデータの取扱いも論じられるようになったが，依然として統計学はデータの取扱の手順を論じる学として捉えられる傾向がある．

このような統計学の理解は，統計概念の捉え方の発展の一時期に対応するものに過ぎない．統計的方法の本質は，データを用いて必要な情報を創り出すことにある．不確実性の下での行動に際して求められるものが情報であり，これは，予測あるいはより一般的に推測の構成のための資料の形で与えられる．本叢書の名称でもある統計科学は，このような情報の創出の過程に関する人間の知的活動の科学と定義される(統計科学のより詳しい議論については赤池 1994 参照)．絶え間ない不確実性の下での選択あるいは決定を通じて生きる人間にとって，統計科学的研究が必要不可欠なことは明らかである．

社会的統計資料の数理的解析の最初の例として知られている，天文学者ハレーによるブレスラウ(現ポーランドの都市)の出生と死亡のデータの解析は，年金のための合理的な掛金の額の算定を目的としたものであり，その内容は社会集団の動きを予測するダイナミックスの把握を目指すものであった．歴史的に見ても，統計科学的研究の出発点において，予測の問題が基本的なものであったことが明らかに認められるのである．時系列解析は，対象の時間的動きの特性，すなわちダイナミックスの把握を目指すものであり，その終極的な目的が適切な予測の実現であることから，統計科学的研究の本質を明瞭に示す典型的な研究分野と言える．時間的な考慮が，統計的思考の原点にあるのである．

12.3 予測と期待

将来の値が，現在時点における一定の手順で確実に求められるものである場合に，これを求める作業を予知と呼ぶことにすれば，予知に不確定あるいは不確実な要素が含まれる場合に予測が問題になるのである．

不確実な要素を含む環境は，その中で行動する人間に様々な精神的緊張を要求する．これは苦しいものであるが，その中に楽しみを見出しているのも人間の現実の姿である．将来に対して様々な期待を持ち，それに従って行動した結果として期待が満たされたときの満足感は大きい．偶然的な要素を含む遊びあるいはゲームが，古い歴史を持つと同時に，常に新しく考案され楽しまれているのはこのためである．

このように見ると，不確実性に対処する組織的な方法は，我々の期待の仕組みを適切に表現することによってのみ実現可能であることが分かる．歴史的にも，確率の数学的議論は，賭けの損得の評価の問題に関連して始まっている．確率の説明は様々になされるが，その本質は我々の持つ期待の構造の形式的な表現である．予測の問題も，当面の問題について自分自身の持つ期待を適切に表現する確率的な構造を採用することにより，有効な処理が実現される．

将来の不確実性に対処する際には，自分の持つ知識や経験を全面的に投入し，どうしたら良いかについて深く考える．一般に，このような努力なしには，確率的な構造の有効利用は不可能である．

12.4 究極的真理とモデル

従来の統計的方法の議論は，考察する対象がある構造を持ち，それが未知の定数を含んでいる，という形式での推論を主として取り扱ってきた．これが通常の統計的推定論の形式である．また，統計的検定論では，ある仮説が真であるか否かを論じる形の問題が扱われている．これらの議論の根底に有るのは，いわゆる“真の構造”あるいは“真理”の考えである．

前節の考察に従えば，不確実性に対処する方法としての統計的方法は，我々の持つ期待の表現に関係する．ところが，構造が確認されている確率的な機構という特殊な場合を除き，期待の構成の仕方は我々の持つ知識や経験の使い方に大きく依存する．したがって，唯一無二の真の構造のようなものは存在しない．しかも，期待はある客観的な環境において有効な結果を生み出すように行動の指針を与えるために構成されるという事情から，環境あるいは対象の特性を部分的に表現する形のモデルを用いて表現される．したがって，我々はより良いモデルの探求を通じて，常に未知の状態にある究極的な真理あるいは真の構造に迫るのである．

これは，極めて基礎的な科学的知識で，しばしば究極の真理と捉えられたものでも，人類の持つ経験の累積にともないその内容が常に深化してきたことを考えれば，箱を開いて見ればその内容は確定されるというような単純な事柄に関する真偽の議論の場合を除き，我々が追求する真理は，現在の知識に依存するという意味で相対的な，対象のひとつの近似を与えるモデルによって表現されるようなものに過ぎない、という見方と良く対応している．

時系列解析を含む統計的方法の適用場面で用いられるのは，統計モデルである．期待の数学的表現である確率的構造を用い，将来に対する行動に有効な形で，データ利用の枠組みを表現する．当然，唯一無二の究極的モデルなどは存在せず，常により良いものを求めて前進することになる．モデルは仮説の表現であり，仮説の提案こそが基本的な知的活動である．これによって初めてデータに意味が発生し，情報が創り出されるのである．問題とする対象あるいは状況について，解析者が深い知識と経験に基づく仮説を提案することなしには，良いモデルとその利用が実現される見込みはない．そもそも，解析の対象とするデータとして何を利用するかという決定的に重要な問題に対処することができないのである．

12.5 モデルの評価と情報量規準

ただひとつの仮説を提示して，その真偽を議論することはこれまでの統計的検定論の主な問題であった．前節までに述べてきた事からみれば，これは仮説の取扱方としては奇妙なものである．むしろ，様々な仮説を提案し，データに基づく比較を通じてより良い仮説あるいはモデルを求めることに注目すべきである．

そこで問題になるのが，比較のための尺度あるいは規準である．これが恣意的なものである場合には，個人的にも社会的にも，同じような経験の蓄積が効果的に行なわれなくなる．統計モデルの場合には，モデルはデータ X を生み出す確率あるいは確率密度を定める確率的な構造 $f(X)$ の形で与えられ，観測された特定のデータ x に対して，モデルの尤度 $f(x)$ が定義される．情報量規準の視点に立つと，この尤度の対数を取ることによって得られる対数尤度 $\log f(x)$ が，モデルの比較評価の拠り所として適切なものであることが示される．

情報量の名で呼ばれる量は，

$$I(g:f) = E_g \log g(X) - E_g \log f(X) \tag{12.1}$$

の形で定義され，分布 $f(\cdot)$ が分布 $g(\cdot)$ からどれほど離れているかの尺度を与える．E_g は，X が分布 $g(\cdot)$ に従うものとしたときの期待値(平均値)を示す．これは非負の値を取り，$I(g:f)$ が小なるほど，したがって $E_g \log f(X)$ が大なるほど $f(\cdot)$ が $g(\cdot)$ の良い近似であることを示す．対数尤度 $\log f(x)$ は，$E_g \log f(X)$

の偏りの無い推定値と考えられるから，これを $f(\cdot)$ の与えるモデルの良さの評価として用いようというのが，情報量規準の視点である．

この視点の優れている点は，対数尤度が前節の議論ときわめて良く対応する内容を持つことを明らかにすることである．分布 $g(\cdot)$ は通常の議論で言えば真の分布に相当するものであるが，上記の説明に従えばこれが未知であることが対数尤度の実用に際し何等の障害にならないことが分かる．特に，$g(\cdot)$ をそれぞれの人が究極的なものとする理想的な分布を示すものとし，これが人によって異なるとしても，モデルの相対評価として対数尤度が各人に対して持つ意味は変わらないという間主観性の成立することが明らかになる．

モデルが $f(\cdot|A)$ のように未知のパラメータ A を含む場合には，データ x が与えられた場合 $\log f(x|A)$ を最大にする A の値 (最尤推定値) の与えるモデルが良いものとみなされるが，この値を用いて定義されたいくつかのモデルを比較するときには，データによってパラメータを調整した事により対応するモデルの対数尤度に偏りが発生する．これを修正し，通常の誤差の概念に対応する形に表現したものが情報量規準 AIC で，

$$\mathrm{AIC} = (-2)\,(\text{最大対数尤度}) + 2(\text{パラメータ数}) \tag{12.2}$$

で与えられる．ただし，対数は自然対数とする．これはもともと時系列の自己回帰モデルの次数の決定の問題の考察から出発したものであるが，その適用範囲は統計モデル全般に及んでいる．このことは，時系列解析が統計科学的思考の基本的なものを明らかにするようなものを含んでいることをあらためて示すものと言えよう．情報量規準と予測ならびにボルツマンによるエントロピーの研究との関係については Akaike (1985) に詳しい議論がある．

12.6 有効性の検証

情報量規準を用いることによって良いモデルに到達したと考えても，それだけでは実用の立場からの信頼は得られない．実用の場面での有効性の検証が不可欠である．時系列解析の場合には，予測あるいは制御の実施により，方法あるいはモデルの有効性の検証が可能である．統計モデルによる解析の場合には，実用による検証以前に，モデルの想定する確率的な構造に従ってシミュレーショ

ンを行い，方法の働きが期待通りのものであるか否かを検討することができる．これは統計モデルによる解析法のひとつの利点である．

予測の立場に立つと，モデルの改良に関するアイデアも容易に得られる．筆者がベイズモデルの実用化を組織的に進める手順を論じた際には，例として季節調整の問題を取り上げ，トレンドの表現に2次の差分がホワイトノイズとなるモデルを採用した．これは，過去のトレンドの実態を捉えることを目的とする従来の季節調整の考え方を，取扱いの簡単なモデルを用いて表現したものである．しかし，変動するトレンドの予測という視点からは，トレンドの動きを直線的なものと想定するこのモデルは基本的に不適切である．トレンドに対して1次あるいは2次等の低次の自己回帰モデルを考える方が遥かに実用的なものとなることは明かである．

このように，実用の場面についての検討を加えると，単に既存の解析手法を適用するだけで満足することなく，実際の問題を取り扱う現場の立場から見て納得できる積極的な成果が得られるまで，モデルの使い方あるいはモデル自身の改良などを通じて有効性の獲得のための努力を続ける必要があることが明らかになる．このことは，統計科学が当面の問題に対する我々の期待の解明を基本的な課題とするものである限り，数理の展開とその応用という固定したふたつの側面に分離されるものではないことを明示するものである．

12.7　おわりに

計算機その他の情報関連機器の発達により，データの取扱の便利さは増しても，それだけでは良い成果が得られることにはならない．時系列解析に限らず，新しい統計的方法の開発やその応用を試みる際には，当面の問題についてどれほど深く具体的な感覚を持つかが成否の分かれ目になる．

統計モデルのように人の作った物の見方の枠組みを，機械的に客観的な対象に押しつけてみても，期待する結果が得られる保証はない．深く対象について考え，様々な角度から観察し，対象に対する具体的あるいは思考的な働き掛けを行なって仮説の検討を進め，モデルあるいはその解釈の改良を続けることによってのみ，良い結果に到達できるのである．

[赤池 弘次]

文 献

Akaike, H. (1985), "Prediction and entropy," in *A Celebration of Statistics*, A. C. Atkinson and S. E. Fienberg, eds., Springer Verlag, New York, 1–24.

赤池弘次 (1994), 統計科学とは何だろう, 統計数理, 第 42 巻, 第 1 号, iii–ix.

付録

用語解説

AIC　Akaike Information Criterion (赤池情報量規準). 統計的モデルの評価・選択のために Akaike (1973) により導入された規準で

$$\text{AIC} = -2(\text{最大対数尤度}) + 2(\text{パラメータ数}) \quad \text{(A.1)}$$

で定義され，AIC の値が小さいほどよいモデルとみなされる．1 変量 m 次の自己回帰モデルの AIC は

$$\text{AIC} = N(\log 2\pi\hat{\sigma}^2 + 1) + 2(m+1) \quad \text{(A.2)}$$

で求められる．ただし，N はデータ数，$\hat{\sigma}^2$ はイノベーションの分散の推定値，log は自然対数である．また，k 変量 m 次の AR モデルの場合は

$$\text{AIC} = kN(\log 2\pi + 1) + N\log|\hat{\Sigma}| + 2mk^2 + k(k+1) \quad \text{(A.3)}$$

となる．ただし，$|\hat{\Sigma}|$ はイノベーションの分散共分散行列の最尤推定値の行列式を表す (Akaike 1973; 坂元他 1983; 北川 1993).

ABIC　ベイズモデルの超パラメータのよさを評価するために用いられる規準．データの分布を $p(y|\theta)$ とし，パラメータ θ の事前分布が超パラメータ λ を持ち $\pi(\theta|\lambda)$ で与えられる場合には

$$\text{ABIC} = -2\log\int p(y|\theta)\pi(\theta|\lambda)d\theta + 2k \quad \text{(A.4)}$$

で与えられる．ただし，k は超パラメータの次元である (Akaike 1980).

AR モデル 時系列の値を過去の観測値の加重平均を用いて表現するモデル

$$y_n = \sum_{j=1}^{m} a_j y_{n-j} + v_n \tag{A.5}$$

を自己回帰モデル (Autoregressive model, AR モデル) と呼ぶ．v_n は時系列の過去の値 y_{n-j} とは独立な平均 0，分散 σ^2 の正規白色雑音である．AR モデルを特徴づけるパラメータは m，a_j，σ^2 でそれぞれ，次数，自己回帰係数およびイノベーションの分散と呼ばれる．

FPE Akaike (1969) で提案された AR モデルの次数選択のための規準で最終予測誤差 (Final Prediction Error) の略．1 変量 m 次の自己回帰モデルの FPE は，データ数を N，イノベーションの分散の推定値を $\hat{\sigma}^2$ とするとき，

$$\mathrm{FPE} = \frac{N+m+1}{N-m-1}\hat{\sigma}^2 \tag{A.6}$$

で求められ，FPE が小さいほどよいモデルとみなされる．FPE と AIC の間には $N \log \mathrm{FPE} \approx \mathrm{AIC}$ という関係がある．FPE を多変量 AR モデルの場合に拡張したものが MFPE，また入力変数を持つ制御型の多変量 AR モデルの場合に拡張したものが FPEC である (赤池，中川 1972).

平滑化 一般には，ノイズを含んだデータに滑らかな曲線をあてはめることを平滑化という．ただし，状態空間モデルの状態推定では，とくに状態 x_n を時刻 n の前後の両方の観測値を用いて推定することを平滑化という．

平均 長さ N の定常時系列の (標本) 平均は $\mu = \frac{1}{N}\sum_{n=1}^{N} y_n$ で定義される．

インパルス応答関数 2 変量の時系列 y_n と x_n の関係が

$$y_n = \sum_{k=0}^{\infty} h_k x_{n-k} + v_n \tag{A.7}$$

と表されるとき，$\{h_k\}$ を y_n の x_n に対するインパルス応答関数と呼ぶ．インパルス応答関数は入力 x_n として大きさ 1 のインパルスが与えられたときの k 期後の y_n の応答を表す．

時系列　時間とともに不規則に変動する現象の記録が時系列である．通常は一定の時間間隔で観測するので $\{y_1, \ldots, y_N\}$ と表すことができる．とくに，気温と気圧などのように関連する二つ以上の現象を同時に記録したものを**多変量時系列**と呼ぶ．

自己共分散関数　定常時系列 y_n と時刻を k だけシフトした系列 y_{n-k} との共分散

$$C_k = \frac{1}{N}\sum_{n=k+1}^{N}(y_n - \mu)(y_{n-k} - \mu) \tag{A.8}$$

を k の関数とみなしたものを (標本) 自己共分散関数と呼ぶ．ただし，μ は時系列の平均である．k はラグと呼ばれる．(A.8) で分母 N を $N-k$ とすると真の自己共分散関数の不偏推定値が得られるが，(A.26) の分散共分散行列の正定値性を保証するため通常は N が用いられる．

自己相関関数　定常時系列 y_n と時刻を k だけシフトした系列 y_{n-k} との相関係数を k の関数とみなしたものを自己相関関数と呼び，R_n と表す．コレログラムとも呼ばれる．R_n は自己共分散関数を用いて $R_n = C_n/C_0$ と表すことができる．

状態空間モデル　時系列 y_n の変動を状態ベクトル x_n を用いて表現したモデルで

$$\begin{aligned} x_n &= F_n x_{n-1} + G_n v_n \\ y_n &= H_n x_n + w_n \end{aligned} \tag{A.9}$$

の形で表される．v_n はシステムノイズ，w_n は観測ノイズと呼ばれ，それぞれ適当な次元の白色雑音である．上式はシステムモデル，下式は観測モデルと呼ばれる．AR モデルや多くの非定常時系列モデルが状態空間モデルの形で表現でき，統一的に取り扱うことができる．ノイズ v_n や w_n の分布を非ガウス型に拡張したものは非ガウス型状態空間モデルと呼ばれる．

カルマンフィルタ　状態空間モデルの状態 x_n を逐次的に効率よく推定するためのアルゴリズム．時刻 $n-1$ および n までの観測値にもとづいて状態 x_n を推定することをそれぞれ (一期先) 予測およびフィルタと呼ぶ．

クロススペクトル 定常時系列 y_n と x_n の相互共分散関数 C_k^{yx}, $k=0,\pm 1,\ldots$ のフーリエ変換

$$p_{yx}(f) = \sum_{k=-\infty}^{\infty} C_k^{yx} \exp\{-2\pi ikf\}, \quad -1/2 \le f \le 1/2 \tag{A.10}$$

をクロススペクトルという. ただし, exp{ } の中の i は純虚数 $i^2=-1$ である.

コヒーレンシー 二つの時系列 y_n と x_n があり, それぞれのパワースペクトルをそれぞれ $p_y(f)$, $p_x(f)$, またクロススペクトルを $p_{yx}(f)$ とするとき,

$$\gamma^2(f) = \frac{|p_{yx}(f)|^2}{p_y(f)p_x(f)} \tag{A.11}$$

を y と x のコヒーレンシーと呼ぶ. コヒーレンシーは時系列 y と x の周波数 f におけるフーリエ成分間の相関係数の2乗とみることができる.

ハウスホルダー法 最小二乗法の解を精度よく求めるためのアルゴリズム. 正規方程式を使わず, データ行列を直接三角化することにより解を求める. 説明変数の増減やAICの計算が効率よく行えることから, 時系列モデルや回帰モデルのあてはめに利用されることが多い (坂元他 1983; 北川 1993).

白色雑音 時系列 y_n は過去の値と無相関で $k \neq 0$ のとき $C_k=0$, $C_0=\sigma^2$ がなりたつとき, 分散 σ^2 の白色雑音と呼ばれる. とくに正規分布に従うとき正規白色雑音と呼ばれる. 分散 σ^2 の白色雑音のパワースペクトルは周波数 f にかかわらず一定で $p(f)=\sigma^2$ となる.

パワー寄与率 k 変量時系列において i 番目の変量のパワースペクトルがそれぞれの変量に加わった独立な外乱の影響の和の形に書け, $p_i(f)=\sum_{j=1}^{k} q_{ij}(f)$ と表されるとき,

$$r_{ij}(f) = \frac{q_{ij}(f)}{p_i(f)} \tag{A.12}$$

を変数 j から変数 i への相対パワー寄与率という. (ノイズ寄与率ということもある.) 多変量時系列がARモデルで表現され, イノベーションの分散共分

散行列が $\sigma_1^2,\ldots,\sigma_k^2$ を対角成分とする対角行列となる場合には

$$q_{ij}(f) \;=\; |b_{ij}(f)|^2\sigma_j^2 \tag{A.13}$$

と表される．ただし，$b_{ij}(f)$ は AR オペレータの周波数応答関数

$$A(f) \;=\; I-\sum_{k=1}^{m} A_k \exp\{-2\pi ikf\} \tag{A.14}$$

の逆行列の第 (i,j) 成分である．パワー寄与率は通常，多変量 AR モデルを利用して計算されるが推定されたモデルの分散共分散行列が対角形とみなせることが条件となるので注意が必要である (赤池, 中川 1972).

最小二乗法　モデルから計算される予測値と実際の観測値との誤差の二乗和を最小にするようにモデルのパラメータを定める方法.

最適制御　制御入力と出力からなるシステムにおいて，与えられた目的関数を最小にするように定めた制御入力．出力を y_n，制御入力を u_n とするシステムが状態空間モデル

$$\begin{aligned} x_n &= Fx_{n-1}+Gu_n+v_n \\ y_n &= Hx_n \end{aligned} \tag{A.15}$$

で表され，目的関数が 2 次関数の期待値

$$I \;=\; E\{x_nSx_n^t+u_nRu_n^t\} \tag{A.16}$$

の場合には，最適制御入力は

$$u_n^* \;=\; Kx_n \tag{A.17}$$

の形で与えられる．K は最適制御ゲイン行列と呼ばれダイナミック・プログラミングの方法で求めることができる (赤池, 中川 1972).

最尤法　尤度または対数尤度を最大とすることによりパラメータを求める統一的な推定法．最尤法で推定されたパラメータを最尤推定値という．AR モデ

ルの場合には近似的な最尤推定値をユール・ウォーカー法や最小二乗法などにより求めることができるが，ARMA モデルや複雑な状態空間モデルなどの場合には尤度関数が複雑な非線形関数となるので数値的最適化の方法により求める必要がある．

周波数応答関数 インパルス応答関数 $\{h_k\}$ のフーリエ変換

$$H(f) = \sum_{k=-\infty}^{\infty} h_k \exp\{-2\pi ikf\} \tag{A.18}$$

を周波数応答関数と呼ぶ．周波数応答関数は複素数で

$$H(f) = \alpha(f) \exp\{i\Phi(f)\} \tag{A.19}$$

という形に表現できる．このとき $\alpha(f)$ を振幅，$\Phi(f)$ を位相と呼ぶ．

周波数応答関数とスペクトルの間には

$$p_{yy}(f) = H(f)p_{yx}(f) = |H(f)|^2 p_{xx}(f) \tag{A.20}$$

という関係がある．

スペクトル 定常時系列 y_n の自己共分散関数 C_k，$k = 0, \pm 1, \ldots$ のフーリエ変換

$$p(f) = \sum_{k=-\infty}^{\infty} C_k \exp\{-2\pi ikf\} \tag{A.21}$$

をパワースペクトル (正式にはパワースペクトル密度関数) という．時系列が AR モデル

$$y_n = \sum_{j=1}^{m} a_j y_{n-j} + v_n, \quad v_n \sim N(0, \sigma^2) \tag{A.22}$$

で表される場合には，パワースペクトルは

$$p(f) = \frac{\sigma^2}{|1 - \sum_{j=1}^{m} a_j \exp\{-2\pi ijf\}|^2} \tag{A.23}$$

で与えられる．

相互共分散関数　ふたつの定常時系列 y_n と x_n について y_n と時刻を k だけシフトした系列 x_{n-k} との共分散

$$C_k^{yx} = \frac{1}{N}\sum_{n=k+1}^{N}(y_n - \mu_y)(x_{n-k} - \mu_x) \tag{A.24}$$

を k の関数とみなしたものを相互共分散関数と呼ぶ．ただし，μ_y と μ_x はそれぞれ y_n と x_n の平均である．

相互相関関数　定常時系列 y_n と時刻を k だけシフトした別の定常時系列 x_{n-k} との相関係数を k の関数とみなしたものを相互相関関数と呼び，R_k^{yx} と表す．R_k^{yx} は相互共分散関数 C_k^{yx} と y_n と x_n の分散 C_0^{yy} と C_0^{xx} を用いて $R_k^{yx} = C_k^{yx}/\sqrt{C_0^{yy}C_0^{xx}}$ と表すことができる．

多変量ARモデル　多変量時系列の値を過去の観測値の加重平均を用いて表現するモデル

$$y_n = \sum_{j=1}^{m} A_j y_{n-j} + v_n \tag{A.25}$$

を多変量自己回帰モデル(Multivariate または Vector Autoregressive model, MAR モデル，VAR モデル)と呼ぶ．v_n は時系列の過去の値 y_{n-j} とは独立な平均ベクトル0, 分散共分散行列 Σ の多変量正規白色雑音である．AR モデルを特徴づけるパラメータは m，A_j，Σ でそれぞれ，次数，自己回帰係数行列およびイノベーションの分散共分散行列と呼ばれる．TIMSAC78 では自己回帰係数行列の各 (i,j) 成分ごとに異なる次数を定めることができる．この場合には k 変量の自己回帰モデルには $k \times k$ 個の次数があることになる．

TIMSAC　統計数理研究所で赤池弘次前所長を中心に開発された時系列の解析･予測･制御のためのプログラムパッケージ．Time Series Anaysis and Control にちなんでつけられた．TIMSAC，TIMSAC74，TIMSAC78，TIMSAC84 の4種類がある．学術関係者は，フリーで手にいれることができる．(問い合わせ先: 統計数理研究所・統計データ解析センター)

統計数理研究所　統計に関する数理およびその応用に関する研究を行うことを目的に設置された大学共同利用機関．1947年に文部省附置研究所として設置されたが，1985年に大学共同利用機関に改組された．(インターネットのwwwサーバ・アドレス *http://www.ism.ac.jp/* でアクセスすることができる．)

定常時系列　時系列の平均や分散などの性質が時間が経過しても変化しない場合，定常であるといいその時系列を定常時系列という．一方，それらの性質が何らかの形で変化するものを非定常時系列という．

ユール・ウォーカー法　ARモデルの係数および分散を推定するための代表的な方法．ユール・ウォーカー法で求められた推定値をユール・ウォーカー推定値という．時系列の自己共分散関数 C_k が得られている場合，m 次のARモデルのAR係数 a_i のユール・ウォーカー推定値は

$$\begin{bmatrix} C_0 & C_1 & \cdots & C_{m-1} \\ C_1 & C_0 & \cdots & C_{m-2} \\ \vdots & \vdots & \ddots & \vdots \\ C_{m-1} & C_{m-2} & \cdots & C_0 \end{bmatrix} \begin{bmatrix} a_1 \\ a_2 \\ \vdots \\ a_m \end{bmatrix} = \begin{bmatrix} C_1 \\ C_2 \\ \vdots \\ C_m \end{bmatrix} \tag{A.26}$$

の解として求められる．また，イノベーションの分散のユール・ウォーカー推定値は

$$\hat{\sigma}^2 = C_0 - \sum_{i=1}^{m} a_i C_i \tag{A.27}$$

で与えられる．

尤度　統計的モデルのパラメータの推定のために用いられる統一的な規準．モデルの密度関数 $f(y|\theta)$ と N 個の独立な観測値 $y_1, \ldots, y_N$ が与えられるとき，このモデルの尤度は

$$L(\theta) = \prod_{n=1}^{N} f(y_n|\theta) \tag{A.28}$$

で定義される．尤度の対数値 $\ell(\theta) = \log L(\theta)$ は対数尤度と呼ばれる．

[北川 源四郎]

文　献

Akaike, H. (1969), "Fitting autoregressive model for prediction," *Annals of the Institute of Statistical Mathematics*, Vol. 21, 243–247.

Akaike, H. (1973), "Information theory and an extension of the maximum likelihood principle," *2nd International Symposium on Information Theory*, B. N. Petrov and F. Caski, eds., Akademiai Kiado, Budapest, 267–281. Also reproduced in *Breakthroughs in Statistics, Volume 1: Foundations and Basic Theory*, S. Kotz and N. L. Johnson, eds., Springer-Verlag, New York, (1992) 610–624.

Akaike, H. (1980), "Likelihood and Bayes procedure," *Bayesian Statistics*, J. M. Bernardo, M. H. de Groot, D. V. Lindley and A. F. M. Smith, eds., University Press, Valencia, Spain, 143–166.

赤池弘次, 中川東一郎 (1972), ダイナミックシステムの統計的解析と制御, サイエンス社, 東京.

尾崎 統 (1988), 時系列論, 放送大学教育振興会, 東京.

北川源四郎 (1993), FORTRAN77 時系列解析プログラミング, 岩波書店, 東京.

坂元慶行, 石黒真木夫, 北川源四郎 (1983), 情報量統計学, 共立出版, 東京.

索引

英字

あ　行

か　行

さ　行

た 行

な 行

は 行

ま　行

や　行

ら　行

監修者略歴

赤池弘次（あかいけひろつぐ）

1927年　静岡県に生まれる

1952年　東京大学理学部数学科卒業

現　在　文部省統計数理研究所前所長

　　　　理学博士

編集者略歴

北川源四郎（きたがわげんしろう）

1948年　福岡県に生まれる

1973年　東京大学大学院理学系研究科

　　　　数学専攻修士課程修了

現　在　文部省統計数理研究所教授

　　　　理学博士

統計科学選書

時系列解析の実際 II（新装版）　　　定価はカバーに表示

1995年9月10日　初　版第1刷

2020年1月5日　新装版第1刷

監修者　赤　池　弘　次

編集者　赤　池　弘　次

　　　　北　川　源　四　郎

発行者　朝　倉　誠　造

発行所　株式会社　朝　倉　書　店

東京都新宿区新小川町6-29

郵便番号　162-8707

電　話　03(3260)0141

FAX　03(3260)0180

http://www.asakura.co.jp

〈検印省略〉

平河工業社・渡辺製本

ISBN 978-4-254-12248-0　C 3341

Printed in Japan